UNE PETITE HISTOIRE
DE LA PHYSIQUE

L'ESPRIT DES SCIENCES

UNE PETITE HISTOIRE DE LA PHYSIQUE

Isabelle Desit-Ricard
Professeur agrégé de sciences physiques

ellipses

Dans la même collection

1. *Pourquoi ont-ils inventé les fractions ?*, par Nicolas Rouche.
2. *Anatomie des atomes*, par Jean Hladik.
3. *2500 ans de mathématiques*, par Georges Barthélemy.
4. *Les cristaux, fenêtres sur l'invisible*, par Alain Pénicaud.
5. *Les mathématiques apprivoisées*, par Bernard Aubry.
6. *La naissance des objets mathématiques*, par Enrico Giusti.
7. *Les quarks*, par Daniel Husson.
8. *De l'alchimie à la chimie*, par Olivier Lafont.
9. *La Relativité selon Einstein*, par Jean Hladik.
10. *L'émergence des mathématiques*, par Bernard Duvillié.
11. *Lumières sur les couleurs*, par Michel Blay.
12. *Le calcul confié aux machines*, par Guillaume Watier.

ISBN 2-7298-0319-X

AVANT-PROPOS

Des générations d'hommes et de femmes ont cherché à comprendre comment fonctionnait l'Univers dans lequel ils vivaient. Dans cette quête, certains sont parvenus à progresser et c'est leur curiosité et leur génie qui ont façonné l'image que nous avons de notre monde. La physique, cette science qu'ils ont construite au cours des siècles, est omniprésente dans notre vie. Nous n'en sommes pas tous conscients, mais elle constitue un héritage culturel que chacun d'entre nous est susceptible de diffuser.

Ceux qui au cours de leurs études n'ont vu dans la physique qu'une succession de calculs fastidieux et incompréhensibles doutent probablement de leur capacité à transmettre une science dont ils se croient si éloignés. Pourtant, ils possèdent à leur insu dans ce domaine un nombre impressionnant de connaissances. Les exemples qui suivent aideront peut-être à convaincre les plus perplexes.

Ainsi, quand pour expliquer la chute d'une pomme sur le sol, nous faisons intervenir l'attraction que notre Terre exerce sur celle-ci, nous utilisons implicitement la mécanique de Newton. Et nos connaissances en physique ne se limitent pas au seul domaine de la mécanique : nous possédons tous des notions d'électromagnétisme, d'optique et même de physique atomique. Le seul fait d'employer les termes d'infrarouge et d'ultraviolet ou d'admettre la présence de ces derniers dans le rayonnement solaire le prouve. Ces mots font aujourd'hui partie du langage courant. Il faut pourtant savoir que ce n'est qu'en 1800 qu'a été découvert par William Herschel le rayonnement invisible situé au-delà du rouge, que l'on n'appelait pas encore infrarouge, et que les expériences de Johann Wilhelm Ritter pour envisager l'existence des ultraviolets ne datent que de 1801. Nous avons donc hérité dans ce domaine de connaissances apparues au dix-neuvième siècle. De même, nous savons tous que la matière est composée d'atomes, et que le noyau de certains d'entre eux peut donner lieu à des désintégrations radioactives. Or l'existence même de l'atome était encore source de polémiques à la fin du dix-neuvième siècle !

S'il était possible de remonter le temps, chacun d'entre nous serait capable de faire des suggestions aux physiciens de l'époque visitée pour les aider à avancer. Les idées que nous proposerions seraient probablement révolutionnaires pour les physiciens d'alors.

Nos connaissances dans le domaine de la physique sont le fruit du travail des générations qui nous ont précédés. Cet héritage est donc particulièrement précieux. Les idées des physiciens ont été inlassablement remises en cause puis elles sont parvenues jusqu'à nous. Le but de cet ouvrage est de les présenter sous leur éclairage historique. Nous pensons en effet que savoir dans quel contexte est apparue une idée peut aider non seulement à la comprendre mais aussi à mieux appréhender son intérêt ou sa nécessité.

Bien que ce livre constitue une histoire de la physique, il ne se présente pas sous la forme d'une chronologie. Nous avons en effet préféré distinguer les branches majeures qui ont constitué cette science jusqu'au début du vingtième siècle. Nous étudierons donc tour à tour l'évolution de la mécanique, de la thermodynamique, de l'électromagnétisme et de l'optique. Nous verrons aussi comment certains domaines qui sont longtemps restés autonomes ont été peu à peu intégrés aux quatre branches précédemment citées.

L'étude du vingtième siècle sera particulière dans la mesure où la segmentation de la physique moderne en domaines indépendants les uns des autres ne va plus forcément de soi. Cette période dite moderne, que nous ferons débuter en 1895, se caractérise en effet par l'émergence de deux théories majeures qui ont bouleversé totalement la pensée de leur temps. Il s'agit de la physique quantique et de la Relativité. Nous verrons quelles questions ont été à l'origine de l'élaboration de ces théories. L'introduction en physique de la notion de probabilité ou de celle d'espace-temps à quatre dimensions constituent des révolutions intellectuelles d'une importance comparable à celle qui, après Copernic, a appris aux hommes que leur Terre n'était pas le centre du monde. Nous analyserons dans leur contexte quelques-unes des conséquences de ces deux théories. Dans ce dernier chapitre nous évoquerons brièvement les axes de recherche actuels. L'histoire de la physique s'écrit en effet chaque jour et ces derniers constituent pour elle l'actualité.

Cet ouvrage n'est en aucun cas réservé aux meilleurs élèves des cours de physique de lycée. Les équations y sont rares : il se veut au contraire accessible au plus grand nombre. Nous espérons que l'étude du contexte historique permettra de réconcilier avec cette science passionnante ceux que la physique n'a pas intéressés jusqu'alors.

Aujourd'hui de nombreux médias semblent confondre physique et « technologie ». Il est probablement plus facile de vulgariser les applications pratiques d'une théorie, plutôt que la théorie même. Nous nous efforcerons de ne pas tomber dans ce travers : cet ouvrage ne saurait constituer une histoire des techniques. Même si certaines retombées pratiques des recherches théoriques peuvent y être évoquées, nous n'oublierons pas que c'est à la physique que celui-ci est consacré.

Compte tenu des confusions possibles dans l'esprit du lecteur entre physique théorique et applications, mais aussi entre physique théorique et mathématiques, nous avons jugé utile de commencer cet ouvrage par un chapitre destiné à éclaircir ces notions. Nous y évoquerons en outre le rôle essentiel de l'expérience et tenterons de voir comment celle-ci peut faire progresser la théorie.

Chapitre I

QU'EST-CE QUE LA PHYSIQUE ?

La science de la Nature

En grec « phusis » signifie « Nature ». Par conséquent, si l'on se réfère à l'étymologie, la physique se définit comme la science des phénomènes naturels. Le physicien est donc celui qui étudie le mouvement des astres, la propagation des ondes lumineuses ou sonores ou qui analyse la matière dans ses moindres détails. Bien que la vie constitue un phénomène naturel, le domaine du vivant échappe toutefois à son domaine de compétences. En effet, au fil des siècles, les « sciences de la vie » et les « sciences de la matière » se sont peu à peu distinguées. Certes, certains domaines actuels, tels la biophysique, rapprochent les physiciens des biologistes, mais leurs domaines d'investigation restent malgré tout bien distincts.

Alors que reste-t-il à la Physique ?

Un champ d'étude colossal, passionnant et terriblement ambitieux comme nous tâcherons de le montrer tout au long de cet ouvrage.

Il suffit d'ailleurs d'énumérer les domaines qu'elle recouvre pour s'en convaincre : la recherche des origines de l'Univers, l'exploration du monde microscopique, l'analyse du mouvement des planètes, l'étude de la lumière ont suscité l'intérêt de générations de physiciens. D'Archimède à Einstein, ces hommes et ces femmes qui ont bâti notre physique partageaient la même curiosité exacerbée : ils souhaitaient comprendre le monde qui les entourait. C'est forcément l'un des leurs qui parle le mieux de leur courage, de leur obstination et de leur acharnement. C'est pourquoi pour illustrer notre propos nous citerons l'un des pères de la physique moderne, Louis de Broglie :

> Chaque fois que l'esprit humain au prix des plus grands efforts est parvenu à déchiffrer une page du livre de la Nature, il s'est tout de suite aperçu combien plus difficile il serait de déchiffrer la page suivante. Néanmoins, un instinct profond l'empêche de se décourager et le pousse à renouveler ses efforts pour progresser encore plus avant dans la connaissance.

Il est vrai que la tâche du physicien semble vraiment sans fin. En physique les idées sont loin d'être figées puisqu'elles sont inlassablement remises en cause et réexaminées. En fait, une théorie est susceptible d'être ébranlée chaque fois qu'elle a des difficultés pour expliquer un fait nouveau. Nous verrons dans ce livre comment la mécanique de Newton a été doublement remise en cause au vingtième siècle lorsque sont apparues la physique quantique et la Relativité. Mais nous constaterons aussi que malgré tout, lorsqu'une pomme tombe d'un arbre il est toujours possible d'utiliser les lois de Newton pour décrire son mouvement ! Ainsi, il arrive que les nouvelles théories ne se substituent pas totalement aux anciennes mais qu'elles limitent simplement leur domaine d'application.

La physique est donc une science vivante, faite de bouleversements successifs. Rien n'exclut que l'avenir ne réserve aux prochaines générations des révélations totalement imprévisibles dans l'état actuel de nos connaissances scientifiques. Dans cette optique, nous pouvons espérer que le physicien des particules et prix Nobel, Emilio Segrè, avait raison quand en 1959 il écrivit :

> Je ne crois pas que Galilée, Einstein ou Newton aient été les derniers de leur espèce.

Une science expérimentale

> La vraie physique a été fondée le jour où Galilée a conçu l'idée non seulement d'interroger la nature par l'expérience [...] mais de préciser la forme générale à donner aux expériences en leur assignant pour objet immédiat la mesure de tout ce qui peut être mesurable dans les phénomènes naturels.

Par ces mots, Antoine Augustin Cournot soulignait l'importance de l'expérience en physique et la distinguait de la simple observation. On a souvent dit que, contrairement à l'observateur qui se contente d'écouter la Nature, celui qui expérimente va plus loin puisqu'il l'interroge. Pour cela, il va fixer au préalable les conditions dans lesquelles il souhaite travailler puis il effectuera ses mesures. Lorsque cela n'est pas réalisable, le terme même d'expérience peut prendre un sens légèrement différent. Prenons l'exemple de l'astronomie ou de l'astrophysique. Dans ce domaine, expérimenter c'est observer et mesurer avec les instruments adéquats, mais sans pouvoir agir sur l'astre ou les astres à étudier. L'observateur doit s'efforcer de trouver les conditions idéales, ce qui est loin d'être toujours facile. Pour s'en convaincre, il suffit de se souvenir que pendant des siècles, le seul moyen dont l'astronome disposait pour étudier la couronne solaire était d'observer le Soleil au cours des éclipses totales. Non seulement cela limitait la durée pendant laquelle il lui était possible de collecter des données, mais ses expériences étaient particulièrement tributaires des conditions atmosphériques ! Certes la mise en orbite du satellite SOHO (SOlar and Heliospheric Observatory) permet depuis peu de s'affranchir de ces problèmes puisqu'à bord de cet observatoire extra-terrestre il est désormais possible de réaliser des éclipses artificielles à volonté. Rappelons-nous toutefois que les choses ne sont pas simples pour l'astronome en matière d'expérimentation !

Les autres branches de la physique sont moins concernées par ce type de problèmes et le physicien peut généralement travailler dans les conditions expérimentales qu'il a lui-même définies. Pour autant, une expérience n'est pas toujours facile à mettre en œuvre et de nombreux obstacles s'élèvent au cours de sa réalisation.

Évoquons tout d'abord la question des instruments de mesure et prenons l'exemple de Galilée qui révolutionna l'astronomie. Ce physicien était incontestablement exceptionnel. Mais sans sa lunette astronomique, son génie n'aurait pas suffi pour qu'il réalise son œuvre. C'est en effet cette lunette qu'il construisit lui-même (les premiers modèles étant apparus quelques années plus tôt aux Pays-Bas) qui lui permit d'interroger la Nature et de comprendre le mouvement des astres de notre système solaire. Ainsi, pour travailler le mieux possible, faut-il disposer d'instruments adéquats. Cela est particulièrement vrai de nos jours où certaines expériences, notamment en physique des particules, exigent des moyens énormes. Les accélérateurs de particules s'étendent ainsi sur plusieurs dizaines de kilomètres et les infrastructures nécessaires pour les faire fonctionner sont colossales et leur coût exorbitant. Cela implique parfois la collaboration de plusieurs nations sur un projet commun. Dans de nombreux domaines de la physique, l'ère du laboratoire isolé et des expériences artisanales est donc d'ores et déjà révolue !

Mais la principale difficulté d'une expérience ne réside ni dans sa faisabilité ni dans sa réalisation. Le plus délicat avant toute entreprise expérimentale c'est de s'affranchir de tout préjugé, autrement dit d'oublier le type de résultat que l'on espère obtenir. Sans cette dernière condition, tout le travail effectué pourrait s'avérer inutile.

Au dix-neuvième siècle, c'est-à-dire à une époque où l'on croyait que la lumière se propageait dans un milieu absolument immobile baptisé éther, plusieurs physiciens avaient envisagé de mesurer, à l'aide d'expériences d'optique, la vitesse de la Terre par rapport à cet éther. L'expérience d'Albert Abraham Michelson réalisée en 1881 était la plus précise de toutes mais elle ne permit pas de déceler un quelconque mouvement de l'éther par rapport à la Terre. À chaque tentative, la vitesse trouvée était nulle. Plusieurs explications furent proposées au cours de la décennie suivante mais aucune d'entre elles ne convint. Et pour cause : comme l'a montré Albert Einstein dans le cadre de la Relativité restreinte, aucun milieu matériel n'est absolument immobile et par conséquent l'éther n'existe pas ! Ainsi, a-t-il fallu attendre 1905 pour comprendre l'échec apparent de cette expérience… Nous voyons sur cet exemple que les préjugés et présupposés constituent probablement le plus grand des obstacles. Ils sont susceptibles d'entraver ou de compromettre une découverte. Ainsi, l'expérience seule ne suffit pas. Encore faut-il être capable de l'interpréter.

De l'expérience aux lois

L'interprétation d'une expérience est probablement l'étape la plus difficile du travail d'un physicien. L'exemple précédent permet de s'en convaincre. Mais cette étape est aussi la plus importante. N'oublions pas en effet que ce qui guide ce dernier, c'est la certitude que notre monde peut être compris et qu'il est possible de transcrire son fonctionnement sous forme de lois. Et comme le disait Albert Einstein :

> Il est certain que la conviction – apparentée au sentiment religieux – que le monde est rationnel, ou au moins intelligible, est à la base de tout travail scientifique un peu élaboré.

Le rôle de l'expérience se situe à plusieurs niveaux et ses liens avec la théorie sont de nature assez complexe. De façon générale il convient de se rappeler qu'une expérience ne constitue pas une démonstration : elle ne peut en aucun cas suffire pour justifier une loi. Tout au plus interviendra-t-elle pour confirmer des résultats prévus dans le cadre d'une théorie. À ce titre, le rôle de l'expérience-confirmation n'est pas du même ordre selon qu'il s'agisse de vérifier une loi admise par tous ou de valider une théorie nouvelle. Ainsi, lorsqu'un cours de physique débute par une expérience, l'intérêt de cette dernière est essentiellement d'ordre pédagogique. Son seul but est en effet de montrer aux élèves que la loi qu'ils vont étudier dans le cadre de la leçon du jour est bien vérifiée expérimentalement.

Il en va tout autrement lorsqu'il s'agit de corroborer par l'expérience une théorie qui est encore jugée révolutionnaire. Dans ce cas, l'expérience est là pour conforter la validité de la théorie et son succès pourra permettre de convaincre certains esprits sceptiques. Au début du siècle précédent, la Relativité générale – dont Einstein avait publié les lois en 1916 – eut ainsi recours à une preuve expérimentale. Nous aurons l'occasion dans ce livre d'évoquer plus en détail ce chapitre de l'histoire des sciences. Au début du vingtième siècle la Relativité générale, qui redéfinissait totalement les notions classiques d'espace et de temps et qui parlait d'un espace-temps à quatre dimensions, était relativement mal acceptée : de nombreux scientifiques avaient des doutes quant à l'exactitude de cette théorie. À cette époque, une preuve expérimentale était nécessaire pour convaincre. C'est l'Anglais Arthur Stanley Eddington qui a pu la fournir en observant le 29 mai 1919 dans le Golfe de Guinée, au cours d'une éclipse totale, une étoile située derrière le Soleil. Si cette étoile était visible bien qu'elle fût cachée par notre astre, c'est parce que comme l'avait prévu Einstein, la lumière qu'elle émettait était effectivement déviée. Eddington venait donc de vérifier expérimentalement ce qui jusque-là n'était qu'une théorie très peu intuitive et assez mal diffusée. En 1919 Einstein était déjà célèbre, mais on peut dire que ce succès expérimental a encore accru sa notoriété. Cet exemple montre comment une expérience peut légitimer une théorie nouvelle et lui permettre d'être acceptée et reconnue du grand public.

En 1919, le but d'Eddington était de confirmer une déduction élaborée dans le cadre d'une théorie. Mais il peut arriver que la place de l'expérience en physique se situe avant la formulation d'une loi. C'est alors par tâtonnements puis par induction que le physicien progresse vers la formulation de nouvelles hypothèses. Comme l'écrivait le chimiste anglais Joseph Priestley :

> Les théories même imparfaites suffisent à suggérer des expériences qui viennent corriger leurs imperfections et donnent naissance à d'autres théories plus parfaites.

L'expérience constitue l'un des grands moyens dont les physiciens disposent pour progresser. Son pouvoir est tel qu'elle est même capable de remettre totalement en cause une théorie. Il suffit en effet d'un unique contre-exemple expérimental, d'un seul fait que l'on est incapable de justifier pour que tout l'édifice vacille et que cette dernière s'effondre.

Physique théorique et physique appliquée

Aujourd'hui, les sciences physiques manient des notions de plus en plus abstraites qui sont souvent mal connues du grand public. Leurs applications en revanche sont largement médiatisées puis finissent par faire partie de notre vie quotidienne. Ainsi, nombreux sont ceux qui confondent encore physique et technique. Pourtant, ces deux domaines sont bien différents : les retombées pratiques ne sont pas la préoccupation principale du physicien dont le but est seulement la connaissance du monde qui l'entoure. Aussi, même si les applications de la physique théorique surprennent souvent par leur portée, il ne faut pas oublier de quelles motivations cette dernière est le fruit. À l'origine, les physiciens ne se sont pas intéressés aux semi-conducteurs uniquement pour fabriquer des diodes et des transistors : ils souhaitaient avant tout comprendre pourquoi ces corps étaient si spécifiques quant à leur conductivité électrique. Les applications arrivent donc en général plus tard, et c'est en ce sens que la physique théorique intéresse aussi l'industrie.

Physique et mathématiques

Nous évoquerons enfin les liens qu'entretient la physique théorique avec les mathématiques. Ils sont assurément tout aussi forts que ceux qu'elle a tissés avec la physique dite appliquée, mais leur nature est beaucoup plus complexe.

A priori, le fait que les mathématiques fonctionnent lorsqu'on les applique à la physique ne constitue pas une évidence. Rappelons que la physique étudie la nature, et par conséquent le monde réel, alors que les mathématiques sont le fruit de recherches abstraites basées sur l'utilisation d'un formalisme particulier. Le physicien Werner Karl Heisenberg écrivait lui-même :

> L'idée que les mathématiques puissent en quelque sorte s'adapter à des objets de notre expérience me semble remarquable et passionnante.

Ainsi est-il légitime de s'étonner que la physique emploie tant de mathématiques et que ces dernières soient utilisables dans le cadre de cette science expérimentale.

Les dérivées, les vecteurs, les matrices sont l'œuvre des mathématiciens. Mais qui pourrait envisager aujourd'hui de faire de la physique sans utiliser ces outils ? Dès lors, ne faudrait-il pas considérer les mathématiques comme un langage grâce auquel s'exprimeraient les lois de la physique ? Cette opinion a notamment été défendue par Galilée qui estimait que la Nature elle-même était écrite en langue mathématique. D'autres physiciens n'allaient pas aussi loin que lui. Ils considéraient simplement que l'utilisation des mathématiques était l'unique moyen que l'homme avait trouvé pour rendre compréhensibles les lois de la physique. Dans cette optique, le mathématicien Henri Poincaré pensait que les mathématiques fournissaient au physicien la seule langue dont il pouvait se servir pour traduire les subtilités qu'il souhaitait exprimer.

Mais savoir parler une langue et maîtriser parfaitement la rhétorique ne permettent pas de rédiger un roman : il faut en outre posséder des idées et les mots ne sont là que pour traduire ces dernières. Ainsi, si les mathématiques n'étaient vraiment qu'un langage leur seule pratique ne suffirait pas pour découvrir de la physique. Or l'histoire est là pour prouver le contraire. Nous choisirons un seul exemple pour illustrer cela : il s'agit de la découverte du positron (antiparticule de l'électron) et celle de l'antiproton (antiparticule du proton). L'existence de ces deux antiparticules avait été prédite de façon théorique dès 1929 par Paul Dirac et leurs caractéristiques précisées par Julius Robert Oppenheimer en résolvant l'équation établie par Dirac en 1927. Or, il a fallu attendre 1932 pour que le positron soit détecté expérimentalement dans le rayonnement cosmique et 1955 pour que l'antiproton soit identifié. Le positron et de l'antiproton étaient mathématiquement nécessaires et c'est pour cela que leur existence a pu être prévue bien avant qu'on ne dispose d'une preuve expérimentale.

Il semble donc que les mathématiques puissent jouer un rôle bien plus fondateur que celui d'un simple langage. On ne saurait donc les cantonner à ce seul rôle. Le philosophe des sciences Gaston Bachelard considérait d'ailleurs qu'il fallait « rompre avec ce poncif cher aux philosophes sceptiques qui ne veulent voir dans les mathématiques qu'un langage ». Il était convaincu au contraire que la mathématique était une pensée, « une pensée sûre de son langage ».

L'analyse du lien entre physique et mathématiques est à l'origine de nombreux travaux d'épistémologie et de nombreuses études pédagogiques. Il semble qu'une tendance actuelle vise à « démathématiser » l'enseignement de la physique dans les classes de lycée afin d'évoluer vers une démarche qui serait plus intuitive. Ceux qui combattent cette orientation la jugent utopique. Ils estiment en effet qu'elle renie la nature fondamentale du lien qui unit ces deux sciences. Le débat soulevé montre que le problème épistémologique que nous venons d'évoquer est encore d'actualité.

Chapitre II

LA MÉCANIQUE

Les grands ensembles architecturaux érigés dès l'Antiquité, témoignent de la mise en œuvre précoce de certaines techniques pour déplacer puis dresser des masses importantes. Or le terme de mécanique vient précisément du grec « mèkanè » qui signifie « machine ». Les plans inclinés et les leviers ont ainsi été très vite utilisés et l'existence des pyramides, des temples ou des menhirs prouve que l'homme a pu rapidement maîtriser l'équilibre des blocs de pierre et assurer leur mise en mouvement. Mais l'interprétation de tous les phénomènes mis en jeu lors de telles opérations a nécessité plusieurs siècles de réflexion comme nous allons le montrer.

De façon générale, la mécanique désigne la science des forces et du mouvement. Nous verrons d'ailleurs que les hommes ont eu beaucoup de difficultés avant d'être capables de distinguer ces deux notions.

Nous nous intéresserons dans ce chapitre à ce qu'il est convenu d'appeler la « mécanique classique », et nous étudierons l'évolution de cette branche de la physique jusqu'au début du vingtième siècle.

L'Antiquité

L'un des premiers mouvements auxquels s'est intéressé l'homme est celui des astres du Cosmos. L'étude du ciel lui permettait notamment de repérer l'écoulement du temps. Des tablettes sumériennes datant de plus de 2500 ans avant notre ère nous ont appris quel fut le cheminement des peuples de Mésopotamie (Sumériens puis Babyloniens) pour construire un calendrier lunaire. Ils intercalaient d'ailleurs tous les trois ans un treizième mois dans ce calendrier afin de suivre les saisons. Ces peuples étaient particulièrement fascinés par la régularité du mouvement des astres : ils avaient repéré trente-six constellations. Certains corps célestes les étonnaient beaucoup : ils semblaient vagabonder dans le ciel, sans trajectoire fixe. Plus tard les Grecs ont appelé ces derniers « planètes », ce qui dans leur langue signifiait « astres errants ». Nous devons préciser qu'aucune de ces civilisations ne pensait que l'on pouvait expliquer le mouvement des étoiles et des planètes autrement que par l'intervention de puissances divines. Ainsi, les événements inattendus, tels les passages de comètes, étaient associés à la colère des dieux. La plupart des astronomes babyloniens étaient donc aussi des astrologues et ils attribuaient à la position des constellations une influence sur la destinée humaine. Mais c'est probablement parce qu'ils attendaient du ciel des réponses capitales pour eux qu'ils ont mené de façon aussi exhaustive leurs observations de la voûte céleste. Ainsi, les premières tablettes comportant des séries de chiffres associées à des étoiles datent de 1500 av. J.-C., et un almanach conçu sous le règne du roi Nabuchodonosor II montre la précision des observations qui étaient effectuées.

Les Égyptiens aussi se sont intéressés à la voûte céleste et, dès le troisième millénaire avant notre ère, ils avaient abandonné la Lune comme base de temps. Ils avaient ainsi construit une année de douze mois comptant chacun trente jours, à laquelle ils rajoutaient cinq jours supplémentaires. Mais comme le début de celle-ci dérivait d'un jour tous les quatre ans, il s'agissait finalement d'une année « vague ». Remarquons qu'à des milliers de kilomètres de ces derniers, en Amérique centrale, les Mayas aussi ont créé un calendrier dont le « haab », c'est-à-dire l'année « vague », comptait un court mois de cinq jours à la fin de l'année. Celui-ci était précédé non pas de douze mois de trente jours, mais de dix-huit mois de vingt jours, ce qui s'explique par le caractère vigésimal de leur système de numération. L'astronomie des Indiens mayas avait en outre de nombreux points communs avec celle des Babyloniens et des Assyriens bien qu'elle se soit développée plusieurs siècles plus tard à des milliers de kilomètres de la Mésopotamie.

Mais de toutes les civilisations antiques, c'est probablement celle des Grecs qui a produit les plus grands travaux de mécanique. De nombreux écrits nous prouvent en effet que l'intérêt de ces derniers pour l'étude des mouvements en général et de ceux des astres en particulier est apparu très tôt dans leur histoire.

C'est sept siècles avant notre ère qu'est née à Milet, en Asie Mineure, l'école ionienne sous l'influence de Thalès. Ce dernier considérait la Terre comme un disque circulaire en suspension sur un fluide qui était la source de toute chose et qui, en s'évaporant, se transformait en air. Cent cinquante ans plus tard, un autre membre de cette école, Anaxagore (499-428), avait remarqué la forme circulaire de l'ombre de la Terre observée lors des éclipses de Lune.

Ce sont les disciples de Pythagore qui, les premiers, envisagèrent que la Terre pouvait être sphérique. Cette hypothèse, qui s'est avérée exacte, n'était pas le fruit d'observations. Les Pythagoriciens pensaient en effet que dans la Nature « tout était nombre » et que l'harmonie de celle-ci imposait que les trajectoires des planètes soient des cercles et que la forme de ces dernières soit la plus régulière possible. L'influence de l'école pythagoricienne était telle, que peu à peu se répandit la thèse d'une Terre sphérique dans tout le monde grec. Les Pythagoriciens estimaient d'ailleurs que l'Univers était plongé dans le vide et que ce dernier s'étendait à l'infini. Notre planète cessait donc d'être un disque flottant...

À peu près la même époque, Parménide d'Élée fonda l'école éléate. Contrairement à Pythagore, ce dernier considérait l'Univers comme fini. La façon dont Parménide envisageait le mouvement est pour le moins étonnante. Il estimait en effet que celui-ci n'était qu'illusion et que les seules choses immuables éternelles et susceptibles d'être connues dans l'Univers étaient ce qu'il appelait « les étants ». Comme il affirmait que « tout ce qui existe a toujours existé » et que « ce qui n'est pas, ne peut pas devenir quelque chose » il avait conclu que le mouvement n'existait pas, qu'il n'était qu'une apparence et donc qu'il n'était pas intelligible.

L'un des élèves les plus célèbres de Parménide fut Zénon d'Élée. Combattant les détracteurs de son maître, et notamment les Pythagoriciens, il s'efforça de souligner l'absurdité des thèses que ces derniers soutenaient. Les paradoxes que Zénon formula au sujet du mouvement ont été rapportés par Aristote dans sa *Physique*. Le plus célèbre d'entre eux concerne Achille et sa tortue :

> Si la tortue a de l'avance sur Achille, celui-ci ne la rattrapera jamais quelle que soit sa vitesse, car pendant qu'Achille court pour atteindre le point d'où est partie la tortue celle-ci avance de telle sorte qu'Achille ne pourra jamais annuler cette avance.

Un siècle plus tard, Aristote se penchera lui aussi sur la question du mouvement. Mais ce terme même a chez lui un sens particulier puisqu'il faut y voir un changement au sens le plus général. Ainsi pour Aristote, le mouvement ne se limite pas à un changement de position. Ce Grec qui a eu le mérite d'effectuer une classification de l'ensemble des sciences et d'étudier les relations que celles-ci entretenaient les unes avec les autres, définissait d'ailleurs la physique comme la science des qualités sensibles et de leurs mouvements. Aristote estimait que la connaissance avait sa source dans les sensations. Sa théorie du mouvement était fort différente de celle des Éléates puisque, contrairement à ces derniers, il était convaincu que l'on pouvait établir des concepts pour le rendre intelligible. Aristote considérait en effet le mouvement comme un passage d'un équilibre perdu vers un équilibre retrouvé et écrivait que « tout mû est mu par un moteur ». Notons qu'Aristote ne distinguait pas mouvement accéléré et mouvement rectiligne uniforme. Il est donc difficile de considérer ses travaux comme une analyse dynamique du mouvement des corps : Aristote était loin de découvrir l'origine de l'accélération dans l'existence des forces...

Aristote attribuait à chaque corps un moteur intérieur capable de provoquer son déplacement lors d'un mouvement naturel ou d'engendrer le mouvement d'un autre corps lors d'un mouvement effectué par violence. Aristote considérait en outre que les corps célestes du monde supra lunaire étaient animés de mouvements circulaires et éternels autour de notre Terre, qui était elle-même immobile et sphérique au centre du Cosmos. Il justifiait la régularité de ces trajectoires par la composition particulière de ces astres et la présence d'éther au sein de ces derniers. Il estimait aussi que le moteur qui animait les sphères célestes était d'origine divine. Aristote opposait enfin au monde supra lunaire, un monde sublunaire, où ne pouvaient s'accomplir que des mouvements finis.

Finalement c'est sur le sol d'Égypte, pendant la période hellénistique (celle comprise entre la mort d'Alexandre le Grand et la conquête romaine), que l'école d'Alexandrie a donné naissance aux plus grands astronomes et aux premiers vrais mécaniciens. Le célèbre géomètre Euclide faisait partie de cette école qui constituait un centre de recherche scientifique pluridisciplinaire. Les avancées qui y avaient été faites dans le domaine de la géométrie furent à l'origine de travaux remarquables sur l'étude du ciel. Ainsi, Aristarque de Samos évalua-t-il la distance Terre-Lune, en mesurant les dimensions du cône d'ombre lors d'une éclipse de Lune. Il put déduire de ses observations que la Lune se situait à 60 rayons terrestres de nous et que son rayon était trois fois plus petit que celui de notre planète. L'ordre de grandeur de ces résultats est excellent. En outre, Aristarque fut le premier, et ce dix-sept siècles avant Copernic, à affirmer que la Terre n'était pas le centre du monde mais qu'elle tournait sur elle-même et autour du Soleil.

Quelques décennies plus tard un autre membre de l'École d'Alexandrie parvint à mieux connaître notre planète. Il s'agit d'Ératosthène de Cyrène. Il proposa d'évaluer la circonférence de la Terre en mesurant l'ombre de deux objets situés en deux points de latitudes différentes respectivement à Alexandrie et à Syène. Il trouva 250 000 stades (ce qui correspond à 44 000 km). Cette valeur est fort acceptable compte tenu des moyens dont il disposait : elle ne diffère que de 10 % de la valeur réelle. Ératosthène était en outre conservateur de la bibliothèque d'Alexandrie et il publia deux ouvrages d'Archimède qui était son contemporain et son correspondant.

Nous tenterons en quelques lignes d'estomper les traits trop caricaturaux que l'histoire a retenus du portrait d'Archimède. Le savant, qui aurait hurlé « Eurêka ! » dans les rues de Syracuse alors qu'il venait de découvrir dans son bain son célèbre théorème, fut avant tout un géomètre. Ses travaux portent certes sur la statique des corps flottants et sur la statique en général, mais la géométrie était son domaine de prédilection. L'utilisation des barycentres lui fut particulièrement précieuse dans le domaine de la statique. Archimède affirmait en effet que tout corps pesant avait un barycentre bien défini, en lequel tout le poids se trouvait concentré. En fait Archimède n'a quasiment pas réalisé d'expériences, et la plupart de ses travaux sont le fruit de ses démonstrations. Dans sa *Statique des corps solides* le problème de l'équilibre des surfaces est résolu à l'aide de déductions géométriques. Archimède y écrit que :

> des grandeurs commensurables sont en équilibre lorsqu'elles sont réciproquement proportionnelles aux longueurs auxquelles ces grandeurs sont suspendues.

Certains ont vu dans cette œuvre l'étude des conditions d'équilibre des leviers et des balances. Les travaux d'Archimède sur la densité des corps auraient été commandés par le roi Hiéron. Il s'agissait en effet de trouver une méthode pour déterminer la densité des corps afin de confondre les faux-monnayeurs qui fondaient du cuivre à l'intérieur de pièces censées être pleines d'or. En rédigeant par la suite son *Traité des corps flottants,* Archimède a posé en principe que :

> la nature d'un fluide est telle que, ses parties étant uniformément disposées et continues, celle qui est moins comprimée est déplacée par celle qui l'est davantage, et que chacune est comprimée, suivant la verticale, par le fluide placé au-dessus.

Un principe ne se démontre pas, et Archimède est parti de ce dernier pour établir, en les démontrant cette fois, toute une série de lois. Il écrit ainsi que :

> les solides moins pesants qu'un fluide, qui y sont introduits, sont renvoyés vers le haut avec une force égale à celle du poids dont le volume du fluide, égal à celui du solide, excède le poids de ce dernier.

Les résultats formulés par Archimède sont désormais des théorèmes puisque l'on peut les démontrer à l'aide des lois de Newton. Ils sont encore enseignés de nos jours. Le résultat dont nous venons de donner l'énoncé original s'exprime désormais ainsi : tout corps à l'équilibre dans un liquide subit une poussée verticale opposée au poids du liquide déplacé.

Rien ne prouve qu'Archimède ait séjourné à Alexandrie, mais son œuvre est inscrite dans le courant de pensée de cette École et toute sa vie il a fait part de ses travaux à certains de ses membres tels Conon de Samos et Ératosthène. À la fin de sa vie il a d'ailleurs envoyé à ce dernier une lettre sur la Méthode qui constitue son testament scientifique. Après la mort d'Ératosthène, l'École d'Alexandrie continua son activité pendant plusieurs siècles. L'astronomie a retenu les noms d'Hipparque et de Claude Ptolémée (deuxième siècle après J.-C.). Celui-ci fut l'un des derniers mathématiciens, physiciens et astronomes célèbres que cette école produisit. Son œuvre, qui décrit un système du monde dans lequel la Terre est fixe au centre de l'Univers, a eu une importance énorme au cours des siècles qui suivirent. Ptolémée a remis en cause la thèse des pythagoriciens qui affirmaient que les planètes suivaient des trajectoires circulaires uniformes. En effet de telles trajectoires ne permettaient pas de justifier que certaines planètes semblent plus grosses à certaines périodes de l'année. Ptolémée s'efforça d'expliquer le rapprochement et l'éloignement de ces corps célestes au fil des saisons. Mais, alors que quatre siècles plus tôt Aristarque de Samos avait compris que la Terre tournait autour du Soleil, Ptolémée n'envisagea pas cette éventualité. Il s'employa au contraire à bâtir, dans une optique géocentrique, un système de trajectoires qui devaient concorder avec ce qui était observé depuis la Terre. Pour parvenir à ce but il imagina un système complexe constitué d'épicycles. Le livre dans lequel il exposa sa théorie s'appelait à l'origine *Syntaxe mathématique*. Son titre s'est peu à peu transformé pour devenir au fil des siècles l'*Almageste*, de l'arabe « Almagesti » qui signifie « la très grande ». Bien qu'erronée, la théorie de Ptolémée fut en effet la référence incontestée en matière d'astronomie jusqu'au quatorzième siècle. En outre, contrairement à Ératosthène de Cyrène, Ptolémée avait sous-évalué la circonférence de la Terre qu'il estimait à trente mille kilomètres. Plusieurs siècles plus tard, quand Christophe Colomb envisagea de se rendre aux Indes en passant par l'ouest, il se basa sur la valeur erronée du pourtour terrestre qu'avait fournie l'incontesté Ptolémée. Il ignorait alors la présence du continent américain. Il est probable que s'il avait su que 10 000 kilomètres supplémentaires seraient à parcourir, il n'aurait peut-être pas choisi l'autre côté du globe pour naviguer vers les Indes !

Des Grecs à Galilée

Les Grecs s'étaient beaucoup interrogés sur le monde qui les entourait. Leur grand souci de compréhension, la façon dont ils ont tenté d'utiliser le mieux possible leur raison pour atteindre la connaissance, fait d'eux les pionniers de notre physique.

Les Romains, qui leur ont succédé, ont produit relativement peu de travaux dans le domaine de la mécanique, de l'astronomie et des sciences de façon plus générale. D'ailleurs, la plupart des œuvres scientifiques grecques sont arrivées jusqu'à nous, non par leur intermédiaire, mais par celle des Arabes dont l'empire, dès le VIIe siècle, s'étendait de l'Espagne à la Perse.

Ces derniers ont particulièrement étudié le ciel dont ils attendaient des réponses concernant leur avenir. Les astronomes-astrologues arabes affinèrent ainsi l'étude du mouvement des planètes qu'avaient faite les Grecs et ils produisirent de nouvelles tables permettant de prévoir leurs positions. Comme ces dernières utilisaient le système géocentrique de Ptolémée et ses épicycles, elles étaient relativement complexes. Elles furent néanmoins utilisées en Europe pendant tout le Moyen Âge. Bien que les Arabes aient placé la Terre au centre du monde et bien qu'ils crurent prévoir l'avenir en observant le ciel, nous aurions tort de négliger leur apport : la précision des relevés effectués dans leurs observatoires de Damas, Bagdad, Maraga, Samarkand, et ce jusqu'au quinzième siècle, est particulièrement intéressante. Et nous ne saurions omettre de citer al-Battani qui vécut aux neuvième et dixième siècles et qui est peut-être le plus célèbre des astronomes arabes. Ce dernier mit en effet au point des techniques de calculs mathématiques particulièrement performantes pour leur utilisation en astronomie. Enfin, il est important de souligner qu'au quinzième siècle, c'est-à-dire à l'époque de Copernic, les Arabes avaient déjà abandonné le système de Ptolémée. Certes, ils avaient encore une vision géocentrique de l'Univers, mais leur théorie du mouvement des planètes avait écarté la thèse des épicycles inventée par le savant Grec.

En Occident aussi, les astres fascinaient les hommes de l'époque médiévale. Mais dans une période où la magie et le mysticisme occupaient une si grande place, l'observation et l'analyse du ciel ne revêtaient aucun caractère scientifique. L'étude des mouvements autres que ceux des astres n'intéressait guère les érudits. Ainsi, la mécanique sombra-t-elle dans une torpeur qui devait durer plusieurs siècles. Il faut dire qu'au Moyen Âge la grammaire, la rhétorique et la dialectique étaient beaucoup plus renommées que les sciences dites expérimentales. Il fallut ainsi attendre le douzième siècle, au moment de la reconquête sur les territoires arabes pour que les textes grecs, et notamment ceux d'Aristote et Ptolémée, soient redécouverts en Europe. Une fois adaptés aux exigences des ecclésiastiques, ces derniers servirent de base à toute la culture scientifique européenne jusqu'au seizième siècle.

L'étude du mouvement des projectiles a également fait l'objet de recherches approfondies. Pour des raisons qu'il est aisé de percevoir, nombreux étaient ceux qui souhaitaient comprendre la trajectoire d'un boulet de canon ! La balistique a d'ailleurs été fortement influencée par la pensée d'Aristote : la distinction entre mouvement « naturel » et mouvement effectué « par violence » a eu beaucoup d'importance jusqu'au quatorzième siècle. À cette époque il était uniformément admis que c'était la vitesse qui causait le mouvement et personne encore n'envisageait qu'une variation de vitesse puisse être due à l'application d'une force !

Au quatorzième siècle, l'École parisienne sous la direction de Jean Buridan introduisit la notion d'« impetus ». Il s'agissait d'une puissance capable de mouvoir, qui précédait immédiatement le mouvement et qui s'épuisait en agissant. Le concept d'impetus devait en outre permettre d'éliminer la frontière jusqu'alors immuable entre mouvements naturels et mouvements violents. De nombreux écrits de Léonard de Vinci nous prouvent que ce dernier s'est particulièrement intéressé à ce problème et notamment au cas du lancer vertical suivi d'une chute « spontanée ». C'est d'ailleurs cet exemple qui permit à l'Italien Tartaglia d'affirmer que les mouvements naturels et violents étaient compatibles. Mais Tartaglia ne parvint pas à comprendre comment se raccordaient la partie ascendante de la trajectoire d'un projectile et sa partie descendante.

L'intérêt des réflexions effectuées en France et en Italie entre le quatorzième et le seizième siècle dans le domaine de la balistique repose donc essentiellement sur la remise en cause de l'antagonisme entre mouvement naturel et mouvement violent. Les thèses d'Aristote commençaient enfin à être critiquées.

C'est à peu près à la même époque qu'en Flandres fut redécouverte la statique d'Archimède. On s'efforça alors d'expliquer le fonctionnement des leviers, des poulies et des balances. Le Flamand Simon Stevin publia ainsi à Leyde en 1586 un ouvrage dans lequel il étudiait les conditions d'équilibre sur un plan incliné. Nous verrons que, plus tard, Galilée s'intéressera aussi à ce problème. Mais ce ne sera qu'au dix-septième siècle que Pierre Varignon fera la synthèse des connaissances de l'époque dans le domaine de la statique.

Ainsi, après une période de plus de dix siècles où l'étude des mouvements des astres, celle des trajectoires des projectiles et celle des conditions d'équilibre ont peu intéressé les hommes, après un millénaire de torpeur scientifique, la mécanique semble se réveiller à l'aube du seizième siècle. Certes la Renaissance est, avant tout, une renaissance artistique et littéraire. Certes le merveilleux a une grande importance pour l'homme de cette époque, et il est vrai que ce dernier croit que le microcosme de son être se reflète dans le macrocosme de l'Univers. Mais contrairement à son ancêtre du Moyen Âge, il n'exclut pas de s'intéresser à des idées nouvelles. C'est dans ce contexte qu'en 1543, Copernic publie les *Révolutions des orbes célestes.*

Des avancées prodigieuses : XVIe et XVIIe siècles

L'histoire a retenu le Polonais Nicolas Copernic comme le père de l'héliocentrisme. Il fut en effet celui qui, dix-sept siècles après Aristarque de Samos, dévoila à l'Occident chrétien que la Terre n'était pas le centre du monde.

Ce chanoine avait proposé dès 1535 au secrétaire du roi de Pologne de nouvelles tables permettant le calcul du mouvement des planètes. Ces dernières étaient à la fois plus simples et plus précises que celles utilisées jusqu'alors. Mais Copernic, s'il livrait volontiers ses recettes de calculs, n'était pas prêt à expliquer comment il les avait établies. Comme il le disait lui-même au début de sa carrière il jugeait qu'il fallait :

> ne confier les secrets de la philosophie qu'à des amis fidèles et à des proches, et ne pas mettre ces secrets par écrit, ni les révéler à n'importe qui.

Il est un fait que son système du monde avait de quoi bouleverser les philosophes de son temps. Ôter à la Terre sa position centrale était une idée révolutionnaire. Lorsque les *Révolutions des orbes célestes* furent finalement publiées en 1543, la communauté théologique – tant catholique que luthérienne – accueillit cette œuvre avec circonspection. Certains ne virent dans la thèse héliocentrique qu'une spéculation non fondée qui avait pour seul mérite de fournir des tables astronomiques qui fonctionnaient. Mais les plus vives critiques furent finalement formulées après la mort du chanoine, soit un an seulement après la publication de son œuvre.

Nous savons aujourd'hui que Copernic avait raison en ce qui concerne le caractère non privilégié de la Terre au sein de notre système solaire. Mais le cheminement qu'il mena pour parvenir à cette conclusion ne repose nullement sur l'observation. Ce que Copernic reprochait avant tout au système de Ptolémée, c'était d'envisager des trajectoires qui n'étaient pas circulaires et qui de plus n'étaient pas parcourues à vitesse constante. Or, d'après lui, seuls les mouvements uniformes circulaires pouvaient exister dans la nature. Et c'est ainsi qu'il imagina des orbites qui portaient la Terre et les planètes et qui tournaient autour du Soleil à vitesse constante. Il pensait d'ailleurs que le Soleil était au centre de l'Univers et qu'il illuminait le monde sous le regard de Dieu. Lorsque Copernic mourut, il était nécessaire non seulement d'apporter des preuves scientifiques au système du Monde dont il avait eu l'intuition, mais de le débarrasser des conditions superflues dont les préjugés du chanoine étaient à l'origine. Galilée puis Newton s'y emploieront par la suite.

Galileo Galilei, plus connu sous le nom de Galilée, est souvent considéré comme le fondateur de la méthode scientifique en physique. Au cours de sa vie il s'est intéressé aux mathématiques, aux problèmes de statique, au mouvement des astres mais aussi à celui des corps en chute libre. Il était convaincu que la Nature était écrite en langue mathématique et il aspirait à construire une science mathématisée du mouvement. Les travaux de Galilée se sont tout d'abord inscrits dans la continuité de ceux des physiciens du seizième siècle qui utilisaient l'impetus pour expliquer le mouvement. Mais un tournant dans sa vie scientifique s'est produit en 1609 lorsqu'il a construit une lunette astronomique, instrument d'optique qui avait été inventé quelques années plus tôt aux Pays Bas. L'utilisation de cette lunette a immédiatement révélé à Galilée l'existence de milliers d'étoiles invisibles à l'œil nu. Elle lui fit ensuite découvrir les ressemblances entre la Lune et la Terre et il comprit que celle-ci n'était pas lumineuse mais qu'elle diffusait la lumière du Soleil. Il remarqua aussi la présence de cratères à la surface de la Lune. C'est dans *Le messager céleste,* publié dès mars 1610, qu'il fit part de ces premières observations.

Par la suite, Galilée a étudié le Soleil et les taches à la surface de ce dernier. Personne ne connaissait alors la nocivité pour la rétine des rayons invisibles ultraviolets. Galilée qui travaillait sans utiliser de filtre fut ainsi privé de sa vue pendant les dernières années de sa vie. Mais ses observations, pour dangereuses qu'elles aient été, l'aidèrent considérablement. Grâce à l'étude du mouvement des tâches solaires, il comprit notamment que le Soleil tournait sur lui-même. Mais il réussit aussi à ôter au Soleil le caractère absolu que lui prêtait Copernic. À une époque où les thèses héliocentriques s'étaient peu à peu diffusées, certains pensaient en effet à l'instar du chanoine que seul le Soleil pouvait être au centre d'un mouvement. Cette croyance s'expliquait par le caractère privilégié que Copernic attribuait à cet astre : selon lui celui-ci rayonnait sous le regard de Dieu au centre de notre Monde. Certains disciples farouches de Copernic excluaient donc qu'un corps céleste puisse tourner autour d'une planète. En découvrant les satellites de Jupiter au début de l'année 1610 Galilée leur prouva le contraire.

Au tout début, le système proposé par Copernic avait été simplement considéré comme un nouveau mode de calcul de tables astronomiques. Mais au fur et à mesure qu'il était diffusé certains théologiens l'ont jugé incompatible avec les Saintes Écritures et par conséquent subversif et dangereux. En 1615 Galilée exposa publiquement les arguments convergents qui permettaient de conclure que le Soleil était immobile et que la Terre tournait autour de lui. Aussi, lorsque le 3 mars 1616 le système héliocentrique fut officiellement condamné par décret, il fut invité à aborder d'autres sujets de recherches... Accablé par le dogmatisme et l'obscurantisme de la plupart des ecclésiastiques de son temps, Galilée eut toutefois l'audace d'écrire ces quelques mots à la grande-duchesse Christine de Toscane :

l'intention du Saint-Esprit est de nous enseigner comment on doit aller au ciel, et non comment va le ciel.

Par la suite les différends entre Galilée et les ecclésiastiques ne firent que s'accroître. Certains soutenaient pourtant Galilée. Le père Foscarini rédigea ainsi une brochure montrant comment les Saintes Écriture pouvaient être interprétées dans le cadre de la théorie copernicienne. Le pape Urbain VIII autorisa même le savant à publier un essai comparant la théorie de Ptolémée et celle de Copernic. Il était convenu que ce livre ne devait favoriser aucun des deux points de vue. Le *Dialogue sur les deux principaux systèmes du Monde* fut ainsi publié huit ans plus tard. Mais dans ce dialogue plein d'ironie, Simplicio, le partisan de Ptolémée, déplut fortement au Pape. Non seulement ce personnage était absolument ridicule, mais le Pape avait toutes les raisons de se reconnaître dans le portrait de ce dernier !

Arrêté, Galilée dut comparaître devant l'Inquisition, lors d'un procès qui a marqué l'histoire. C'était en 1633. Face aux tortures dont on le menaçait, il décida de se rétracter officiellement. En résidence surveillée jusqu'à la fin de ses jours il continua malgré tout son œuvre. Il parvint d'ailleurs à diffuser ses travaux à l'étranger.

Même si le célèbre « Et pourtant elle tourne ! » que Galilée aurait marmonnée après avoir renié publiquement la thèse héliocentrique est désormais historique, l'œuvre de ce dernier est loin de se limiter au domaine de l'astronomie.

Dès ses jeunes années, Galilée s'était en effet intéressé à la chute des corps et il tenta d'utiliser la méthode expérimentale pour venir à bout de ce problème. À la même époque il avait aussi étudié la trajectoire des projectiles. Il réussit d'ailleurs à conclure qu'un temps de repos n'était pas nécessaire entre la phase ascendante et la phase descendante de leur mouvement. Galilée s'est très vite aperçu que la vitesse horizontale du projectile se conservait. Mais c'est après son procès qu'il paracheva ses travaux sur la chute des corps. En 1638, il parvint à faire publier à Leyde, aux Pays-Bas, ses *Discours et démonstrations mathématiques concernant deux sciences nouvelles*. La première de ces deux sciences était la résistance des matériaux. La seconde concernait la chute des corps. Galilée y exposait le fait que tous les corps en chute libre ont le même mouvement. Seule la résistance de l'air permet en effet d'expliquer les différences que l'on peut observer sur la Terre : si une plume et un marteau étaient lâchés au même instant dans le vide sans vitesse initiale, ces deux corps atteindraient le sol au même moment. Par la suite, Galilée fut le premier à énoncer que la vitesse lors d'une chute libre était proportionnelle au temps de chute et qu'un tel mouvement était uniformément accéléré. Cette loi deviendra quelques décennies plus tard « $v = g \times t$ » et sera étudiée par Christiaan Huygens qui mesurera la valeur de l'accélération de chute g (9,81 $m.s^{-2}$ à Paris). Elle sera ensuite démontrée par Newton qui prouvera dans le cadre de sa théorie que g est l'intensité du champ de pesanteur et que ce dernier dépend de l'interaction gravitationnelle existant entre tout corps et notre planète.

Si Galilée eut l'immense mérite de comprendre que le mouvement de chute libre était le même pour tous les corps, s'il sut bien analyser les phénomènes de composition des mouvements, il n'eut malheureusement pas l'intuition de la gravitation. De manière générale on peut dire qu'il fut remarquable pour l'étude des mouvements, bien qu'il n'ait pas su en déterminer les causes. Nous retiendrons aussi l'importance qu'il attachait aux mathématiques dans l'étude de la Nature. Nous rappellerons à ce propos ces célèbres lignes qu'il écrivit dans *Il Saggiatore* (L'Essayeur) en 1623 :

> La philosophie est écrite dans ce très vaste livre qui constamment se tient ouvert devant nos yeux : je veux dire l'Univers. Mais on ne peut le comprendre si d'abord on n'apprend à comprendre la langue et à connaître les caractères dans lesquels il est écrit. Or il

est écrit en langue mathématique et ces caractères sont les triangles, les cercles et autres figures géométriques sans lesquelles il est absolument impossible d'en comprendre un mot.

Newton

Le fait que l'autre génie de la mécanique classique, celui qui allait résoudre le problème de la gravitation, soit né en 1642, c'est-à-dire l'année même de la mort de Galilée, est porteur de nombreux symboles. Il serait toutefois faux de croire que c'est uniquement l'héritage de Galilée qui a guidé Newton. Cet homme dont l'œuvre est incontestablement la clef de voûte de toute la mécanique classique écrit avec une modestie exemplaire :

Si j'ai vu plus loin, c'est parce que j'étais sur les épaules de géants.

Ces géants auxquels il fait allusion se nommaient Galilée certes, mais aussi René Descartes, Christiaan Huygens ou Johannes Kepler.

L'Allemand Kepler fut contemporain de Galilée. Mais tandis que Galilée préconisait une méthode rigoureuse basée sur l'expérience et l'utilisation des mathématiques, Kepler était un mystique qui cherchait dans l'étude du ciel des réponses d'ordre astrologique. Cet aspect du caractère de Kepler a longtemps jeté le discrédit sur lui. Mais il serait injuste d'ignorer tout ce que ce travailleur acharné est parvenu à construire. Certes ses écrits étaient souvent confus ; certes il n'était pas parvenu à se débarrasser de superstitions antiscientifiques, mais il fut celui qui parvint à établir quelle était la trajectoire suivie par les planètes.

Tout d'abord il eut le mérite de se dresser contre la pensée de son temps en choisissant le système de Copernic contre celui de Ptolémée. En outre, il sut remettre en cause Copernic même, qui se trompait en affirmant que seuls les mouvements circulaires uniformes pouvaient exister dans le ciel.

Kepler a mis dix ans pour déterminer la nature de la trajectoire par rapport au Soleil de celui des astres errants qui posait le plus de difficultés aux astronomes : la planète Mars. Comme le lui a souvent reproché son contemporain l'astronome Tycho Brahé, il procédait par tâtonnements successifs, en essayant tour à tour de vérifier des idées qu'il avait a priori. Quand, à la mort de Brahé, Kepler récupéra les écrits de ce dernier, il progressa plus rapidement. Les cahiers de Brahé constituaient en effet une collection impressionnante de données et, en 1606, Kepler parvint finalement à identifier la trajectoire de Mars comme une ellipse dont le Soleil était l'un des foyers. Il s'aperçut en outre que les aires balayées en des temps égaux par le rayon Soleil-Mars étaient égales les unes aux autres.

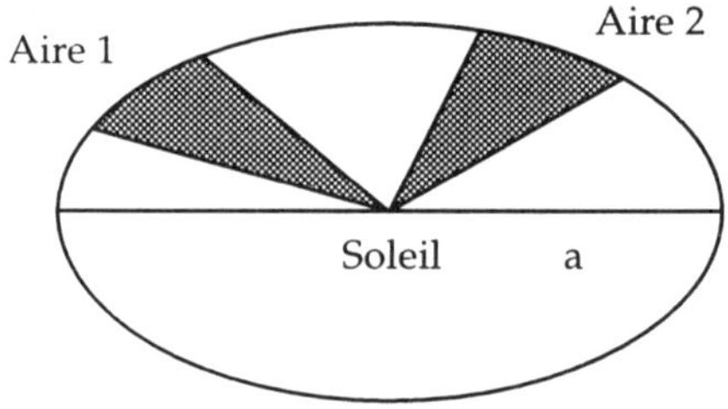

Aire 1 = Aire 2

Kepler généralisera en 1621 ces deux lois à toutes les autres planètes, ainsi qu'au mouvement des satellites de Jupiter, que Galilée avait découvert onze ans plus tôt. Ces lois sont encore étudiées aujourd'hui au lycée sous le nom de première et deuxième lois de Kepler.

La troisième des célèbres lois de Kepler a été publiée dès 1618 dans l'*Epitome*. Elle permet de relier T, période d'un corps céleste (temps qu'il lui faut pour accomplir une révolution complète autour d'une étoile où d'une autre planète) à la distance moyenne de celle-ci à l'astre autour duquel il tourne (noté généralement a). Cette loi a été établie par Kepler de façon empirique. Grâce à une série de données il s'est en effet aperçu que le carré de la période de révolution de chaque planète était proportionnel au cube du demi grand axe de l'ellipse qu'elle parcourait $\left(\frac{T^2}{a^3} = \text{constante}\right)$

Lorsque Newton commença ses travaux de physique, il disposait donc des travaux de Galilée et de Kepler, mais il était également influencé par ceux de Descartes et de Huygens sur les chocs. À son époque on savait aussi, dans le domaine de la statique, que pour qu'un corps soit en équilibre, il fallait que les « poids » qui s'exercent sur lui se compensent. Mais malgré les avancées intéressantes du siècle précédent, les notions de vitesse et de force étaient encore à éclaircir. C'est cet Anglais au génie exceptionnel qui, en 1687, dans une œuvre parue sous le titre *Philosophiae naturalis principia mathematica* (Principes mathématiques de la philosophie naturelle), non seulement fera la synthèse des découvertes de ses prédécesseurs, mais parviendra en outre à les démontrer.

Newton conçut la plupart des idées de son œuvre en 1666, alors que la peste qui sévissait sur Cambridge lui imposait un séjour forcé à la campagne. Il travailla alors sur la gravitation universelle dont il aurait eu l'idée en voyant une pomme tomber d'un arbre. Newton eut ainsi le génie de comprendre que l'interaction qui assurait la proximité de la Lune autour de la Terre était la même que celle qui s'exerçait entre notre planète et la pomme qui tombait sur elle. Il montra qu'il n'y avait pas lieu de distinguer deux physiques selon la nature des objets auxquels on s'intéressait : la loi de la chute des corps de Galilée traduit le même phénomène physique que celles de Kepler sur le mouvement des planètes. C'est d'ailleurs en étudiant la trajectoire elliptique de la Lune que Newton trouva la formulation de l'interaction gravitationnelle. Alors qu'à la suite d'Huygens il s'intéressait aux mouvements curvilignes, il comprit dès 1666 la nature de cette force attractive. Mais ce n'est qu'une vingtaine d'années plus tard que fut publié l'ouvrage qui allait donner une vision complète de la théorie du physicien Anglais : il s'agit des *Principia*.

Cette œuvre constitue sans aucun doute l'un des deux plus grands chef-d'œuvre de mécanique de tous les temps. On y trouve notamment les trois lois à partir desquelles il est possible de construire toute la mécanique classique.

La loi d'inertie (ou première loi de Newton) affirme qu'un corps qui n'est soumis à aucune force persévère dans son état de repos ou de mouvement rectiligne uniforme. Rappelons qu'à défaut d'avoir énoncé cette loi aussi clairement, Galilée et Descartes l'avaient appréhendée au cours de leurs travaux. En ce sens, ils avaient remis en cause la théorie soutenue par un grand nombre de leurs prédécesseurs qui considéraient l'état de repos comme plus naturel que le mouvement. Or le mouvement rectiligne à vitesse constante se caractérise par une accélération nulle tout comme l'état de repos. La loi d'inertie se vérifie aussi lorsque toutes les forces qui s'exercent sur le corps se compensent (on parle alors de système pseudo isolé).

La deuxième loi de Newton, étudiée aujourd'hui sous le nom de relation fondamentale de la dynamique, avait pour formulation initiale :

> Le changement de mouvement est proportionnel à la force imprimée et s'effectue suivant la droite par laquelle cette force est imprimée.

Les référentiels dans lesquels la relation fondamentale de la dynamique est vérifiée sont appelés référentiels galiléens. Ils sont tous en translation rectiligne uniforme les uns par rapport aux autres.

Mathématiquement la deuxième loi de Newton s'écrit aujourd'hui : $m\frac{d\vec{v}}{dt} = m\vec{a} = \sum\vec{F}$, où $\sum\vec{F}$ représente la somme des forces extérieures s'exerçant sur le système étudié, m la masse inertielle de ce dernier et $\frac{d\vec{v}}{dt}$ l'accélération de celui-ci (c'est-à-dire la dérivée de sa vitesse par rapport au temps).

Enfin, la troisième loi de Newton traduit le fait que :

> La réaction est toujours contraire à l'action. Les actions que deux corps exercent l'un sur l'autre sont donc toujours égales et dirigées en sens contraire.

Ainsi, la force que la Lune exerce sur la Terre est-elle opposée à celle que la Terre exerce sur celle-ci. On peut donc écrire que $\vec{F}_{T \to L} = -\vec{F}_{L \to T}$.

Finalement, c'est parce que Newton chercha à retrouver grâce à sa seconde loi, non seulement les trajectoires elliptiques des planètes, mais aussi les lois sur la chute libre, qu'il parvint à vérifier l'expression de l'interaction de gravitation qu'il avait proposée. Il a ainsi démontré que l'intensité de la force qui s'exerce entre deux corps est proportionnelle au produit de leurs masses et inversement proportionnelle au carré de leur distance : $F_{T \to L} = \frac{GM_{Terre}M_{Lune}}{d^2}$, où G est une constante appelée constante de gravitation.

Ainsi, l'intensité de l'interaction de gravitation entre la Terre et un objet situé à sa surface – donc se trouvant à un rayon terrestre du centre de la Terre – peut s'écrire : $F_{T \to objet} = \frac{GM_{Terre}M_{objet}}{R^2_{Terre}} = M_{objet} \times \mathcal{G}$ où $\mathcal{G}$ est l'intensité du champ de gravitation terrestre. Si la Terre ne tournait pas sur elle-même, et si le référentiel terrestre était galiléen, ce champ de gravitation $\vec{\mathcal{G}}$ s'identifierait au champ de pesanteur terrestre $\vec{g}$. Du fait des forces d'inertie (d'entraînement et de Coriolis), $\vec{\mathcal{G}}$ diffère légèrement de $\vec{g}$. On a en effet :

$$M_{obj.} \times \vec{a}_{obj./T} = \vec{F}_{T \to obj.} + \vec{f}_{d'entraînement} + \vec{f}_{Coriolis}$$

$$= \vec{f}_{Coriolis} + M_{obj.} \times \vec{g}$$

Pour des hauteurs de chute suffisamment faibles, on peut négliger la force de Coriolis. On a alors $\vec{a}_{objet/Terre} = \vec{g}$. On retrouve bien le fait que le mouvement de chute libre sur la Terre est uniformément accéléré et que l'accélération de chute est indépendante de la masse du corps.

Nous ne saurions conclure ce paragraphe sans rappeler que l'œuvre de Newton en mécanique concerne aussi l'hydrodynamique et l'acoustique. Ces deux matières sont traitées dans la deuxième partie des *Principia*. Newton est notamment parvenu à y étudier la propagation des ondes sonores dans l'air et à calculer la célérité du son en fonction de la densité du milieu et de sa pression.

Héritage de Newton et nouveaux concepts

L'empreinte de Newton a été très profonde. Son œuvre a d'ailleurs passionné les philosophes du siècle des Lumières comme en témoigne l'intérêt que certains penseurs tels Voltaire ont porté à ses travaux. Mais si le système du monde de Newton a connu son heure de gloire tout particulièrement au dix-huitième siècle, c'est aussi probablement parce qu'à cette époque de grand dynamisme intellectuel la mécanique céleste était en plein essor. Newton avait découvert la gravitation. Il avait montré comment la connaissance des forces qui s'exerçaient sur un corps permettait d'en déduire le mouvement. Il ne restait plus qu'à appliquer ces résultats aux astres pour prévoir avec précision quelle allait être leur trajectoire. De grands observatoires avaient été bâtis en Europe, notamment à Greenwich et à Paris. Les travaux s'étaient multipliés jusqu'à ce que la mécanique céleste connût son apogée. Les recherches de Pierre Simon de Laplace portèrent ainsi sur les anomalies du mouvement de la Lune. Celles-ci lui fournirent un moyen d'estimer la non-sphéricité, c'est-à-dire l'aplatissement aux pôles, de notre Terre. Mais c'est incontestablement le Français Urbain Jean Joseph Le Verrier qui, non seulement apporta ses lettres de noblesse à la mécanique céleste, mais fit comprendre au grand public toute la puissance de cette discipline.

À cette époque, de nombreux astronomes étudiaient les irrégularités du mouvement d'Uranus dont la trajectoire différait légèrement de celle que permettait de prévoir la théorie de Newton. Certains scientifiques, tels le Français François Arago pensaient que c'était la présence d'un corps de masse importante au voisinage d'Uranus qui expliquait la modification de sa trajectoire. Indépendamment l'un de l'autre, l'Anglais John Couch Adams en 1843 à Cambridge et le Français Le Verrier en 1846 à Paris calculèrent la position et la masse du corps en question. Mais, alors que les calculs du jeune Adams n'avaient pas été pris au sérieux par les astronomes de Cambridge, ceux de Le Verrier incitèrent Johann Gottfried Galle, le jour même où il les reçut, à braquer le télescope de l'observatoire de Berlin dans l'axe indiqué par le Français. À 52 minutes d'angles de la direction théorique, Galle détecta un nouveau corps céleste : il s'agissait de Neptune. Ainsi la théorie de Newton venait de permettre de découvrir une planète !

De manière générale, c'est dans la lignée de Newton qu'ont travaillé tous les mécaniciens des dix-huitième et dix-neuvième siècles. Les lois énoncées dans les *Principia* avaient été transcrites sous la forme différentielle que nous connaissons aujourd'hui, et ce notamment grâce aux travaux de Gottfried Wilhelm Leibniz. Ce fut tout d'abord Jean Le Rond d'Alembert, le philosophe encyclopédiste, mais aussi le grand mathématicien et physicien, qui reprit le flambeau. Les questions d'hydrodynamique auxquelles il s'intéressa furent parachevées par les Suisses Leonhard Euler et Daniel Bernoulli ainsi que par l'Italo-Français Joseph Louis de Lagrange. Il est important de souligner que les progrès de la mécanique du solide et de la mécanique des fluides au dix-huitième siècle doivent être rapprochés des avancées mathématiques effectuées simultanément. Ainsi d'Alembert, Euler, Lagrange et Bernoulli étaient-ils tous les quatre mathématiciens. À une époque où la notion de fonction venait tout juste d'apparaître, la résolution des équations différentielles constituait l'un de leurs centres d'intérêt majeurs. Alors que l'analyse commençait à se développer, Lagrange appliqua ses travaux mathématiques au domaine de la mécanique. Il fonda ainsi la « mécanique analytique », dans laquelle les équations différentielles occupent une place privilégiée et où tout problème de mécanique se réduit à la résolution d'une telle équation. L'Irlandais William Rohan Hamilton qualifiera plus tard l'ouvrage que Lagrange publia en 1788 de « poème scientifique du Shakespeare des mathématiques ».

De façon générale les sujets traités au dix-huitième siècle ont largement fait appel aux équations différentielles. Rappelons que d'Alembert le premier, quand il étudia le problème de la corde vibrante en 1747, avait introduit l'équation d'onde. Il avait d'ailleurs développé lui-même les calculs nécessaires à sa résolution. La physique ondulatoire est donc née de l'utilisation de l'analyse dans le domaine de la mécanique. De même l'hydrodynamique est-elle une discipline dans laquelle les équations aux dérivées partielles sont omniprésentes.

Mais si la mathématisation de la mécanique fut l'une des principales voies de recherche, il faut aussi souligner l'importance des travaux effectués sur le concept d'énergie. À l'origine, c'est l'intégration des équations différentielles qui fit apparaître des quantités qui semblaient se conserver. On s'est ainsi rapidement aperçu que, pour un corps soumis uniquement à son poids et lâché sans vitesse initiale, la grandeur $\frac{mv^2}{2} + mgz$ (v notant la valeur de la vitesse et z l'altitude du corps), se conservait. La notion d'énergie cinétique $\left(\frac{mv^2}{2}\right)$ et ses conditions de conservation ont intéressé les physiciens dès le dix-huitième siècle.

Au dix-neuvième siècle, alors qu'en Angleterre la révolution industrielle faisait naître de nouvelles machines, le concept d'énergie de type mécanique intéressait les esprits pour ses applications pratiques. C'est dans ce contexte, alors que la machine à vapeur bouleversait les techniques de productions que les physiciens se sont penchés sur l'étude des liens entre les phénomènes thermiques et les phénomènes dynamiques. La « thermomécanique » qui deviendra peu à peu la « thermodynamique » venait de naître. Le concept d'énergie devait y jouer un rôle déterminant.

Chapitre III

LA THERMODYNAMIQUE

La thermodynamique est une science récente puisqu'elle ne s'est vraiment développée qu'au dix-neuvième siècle au moment de la révolution industrielle anglaise. La machine à vapeur, dont le premier brevet avait été déposé par James Watt dès 1769, transformait l'énergie thermique produite par la combustion du charbon en travail mécanique. Les physiciens de l'époque se sont efforcés de comprendre les phénomènes mis en jeu lors de son fonctionnement. C'est cela qui les poussa à s'intéresser au concept de chaleur qui jusque-là n'avait jamais été correctement étudié.

Température, thermométrie

Alors que très tôt dans son histoire l'homme s'est révélé capable de mesurer des distances ou des durées, il lui a longtemps été impossible d'évaluer quantitativement une température. Les expériences qu'il était susceptible d'effectuer pour étudier les phénomènes thermiques étaient donc considérablement limitées. La thermométrie a progressé très lentement, et les avancées dans ce domaine étaient d'autant plus freinées que les esprits ne s'accordaient pas sur la nature de la grandeur mesurée. Le langage courant qui qualifie de « chaud » un objet dont la température est élevée, témoigne de la confusion qui a longtemps régné dans les esprits entre la notion de chaleur et celle de température.

Contrairement au domaine de la mécanique où les Grecs avaient été capables de clarifier certaines notions, leur contribution à l'étude théorique des phénomènes thermiques a été relativement limitée. Ainsi Aristote considérait-il que le chaud et le froid, tout comme le sec et l'humide constituaient les qualités caractéristiques des éléments de notre monde. Mais si les Grecs n'ont pas été de bons théoriciens de la chaleur, ils ont en revanche élaboré des techniques de comparaison de température. Jusqu'aux travaux de Philon de Byzance (vers 250 av. J.-C.) et de Héron d'Alexandrie (vers 100 av. J.-C.), l'appréciation de la température d'un corps était en effet purement subjective. Grâce aux thermoscopes que ces derniers avaient conçus, il était enfin devenu possible d'apprécier de façon objective les différences de température. Le fonctionnement de ces thermoscopes reposait sur la dilatation d'une certaine quantité d'air, qui provoquait le déplacement d'un certain volume d'eau. Mais contrairement aux thermomètres dont ils sont incontestablement les ancêtres, ces thermoscopes ne permettaient pas de mesurer les températures : non seulement ils n'étaient pas gradués, mais leurs concepteurs n'avaient pas d'idée précise sur la grandeur susceptible d'être mesurée.

Le thermoscope de Héron sombra dans l'oubli jusqu'à ce qu'à la Renaissance les textes grecs de ce dernier soient redécouverts. C'est ainsi qu'un médecin istrien, Santorio Santorio le réactualisa pour suivre l'évolution de l'état de fièvre de ses patients. Mais les inconvénients d'un tel thermoscope apparurent bientôt. Les travaux de l'Italien Evangelista Torricelli avaient permis de mieux comprendre la notion de pression. Ainsi, dès le dix-septième siècle, disposait-on de baromètres. On savait donc que la pression atmosphérique variait d'un jour à l'autre. Il en était de même pour la pression de l'air contenue dans les thermoscopes qui était en équilibre avec l'air atmosphérique. En outre, les travaux du physicien Anglais Boyle en 1662 et ceux du Français Mariotte en 1671 avaient révélé qu'à température constante le volume d'une masse donnée de gaz était inversement proportionnel à sa pression. Le thermoscope auquel nous nous intéressons ne fournissait donc pas les mêmes résultats suivant la pression atmosphérique du jour où on l'utilisait ! Il fallait donc chercher une autre solution.

Tant que l'on ne trouva pas le moyen de construire un thermomètre à gaz précis, on employa des fluides thermométriques liquides. Il s'agissait de trouver des liquides qui se dilataient suffisamment pour limiter la taille des instruments utilisés. C'est ainsi que l'eau, puis l'alcool en 1654 et enfin le mercure en 1717 furent utilisés à l'intérieur des thermomètres. Mais si les mesures étaient enfin reproductibles, tous les problèmes n'étaient pas pour autant réglés. Ainsi, ces thermomètres ne fonctionnaient plus lorsque l'on se trouvait en dessous de la température de solidification ou au-dessus de la température de vaporisation du liquide utilisé. L'eau fut donc assez rapidement abandonnée. D'autres questions apparurent lorsque l'on tenta de graduer ces thermomètres. En 1665, l'Anglais Hooke envisagea de fixer le zéro d'un thermomètre à esprit de vin au point de fusion de la glace et de définir le degré comme le millième du volume initial d'esprit-de-vin. Au siècle suivant Réaumur proposa un thermomètre basé sur le même principe. Daniel Gabriel Fahrenheit utilisa quant à lui deux points fixes de température. Le premier était celui de fusion de la glace (32 degrés Fahrenheit). Le second celui du sang dans le corps humain, auquel il attribuait la valeur 96 degrés Fahrenheit. Cette échelle est encore utilisée dans de nombreux pays anglo-saxons. Ce n'est qu'en 1741 que l'échelle centésimale apparut : le Suédois Anders Celsius considéra le point de fusion de la glace et le point d'ébullition de l'eau comme points fixes et divisa en 100 degrés l'intervalle séparant ces deux points. Il repéra par 100°C la fusion de la glace et par 0°C l'ébullition de l'eau. C'est l'inverse qui est effectué de nos jours dans les pays qui n'utilisent pas l'échelle Fahrenheit.

Ainsi, au milieu du dix-huitième siècle, savait-on enfin mesurer une température pourvu que celle-ci reste comprise entre celle de solidification et celle de vaporisation du liquide thermométrique. Une difficulté n'était cependant pas réglée : les différents liquides utilisés dans les thermomètres ne se dilataient pas de la même façon en fonction de la température. Pouvait-on dès lors définir de façon absolue une échelle de température ? Autrement dit existait-il une température indépendante du fluide thermométrique utilisé ? Nous verrons comment grâce aux avancées de la thermodynamique, l'Écossais William Thomson, anobli en 1892 sous le nom de lord Kelvin of Largs, parvint à définir une telle échelle qui, aujourd'hui, est celle du système international d'unités.

Température, chaleur et énergie

Bien que toutes les questions ne fussent pas encore élucidées, l'état des connaissances en matière de thermométrie a permis aux physiciens du dix-huitième siècle de réaliser des expériences quantitatives pour étudier la chaleur. C'est dans ce contexte que Joseph Black entreprit de mélanger des quantités différentes de liquides à des températures distinctes. Les liquides qu'il mélangeait étaient isolés thermiquement du milieu extérieur. Black notait scrupuleusement la température d'équilibre dans chacun des cas qu'il étudiait. Il parvint ainsi à conclure que la chaleur constituait un terme d'échange qui passait spontanément d'un corps chaud (dont la température était plus élevée), vers un corps que nous qualifierions de froid (autrement dit de température plus basse). Black le premier a d'ailleurs montré qu'un corps pouvait recevoir de la chaleur même si sa température demeurait constante. Ce phénomène peut être notamment observé lorsqu'un corps pur change d'état. Ainsi la fusion de la glace qui s'effectue à 0°Celsius au niveau de la mer nécessite-t-elle un apport de chaleur qu'elle prendra dans le milieu où elle se trouve. Black a nommé

« chaleur latente » l'énergie thermique échangée lors d'un changement d'état. C'est cette dénomination qui est encore utilisée aujourd'hui.

Si nous venons de parler de la chaleur comme d'un échange d'énergie, c'est dans le but d'utiliser un vocabulaire juste. Il semble utile néanmoins de prévenir le lecteur de tout anachronisme : en cette fin de dix-huitième siècle, si les physiciens ont enfin distingué le concept de chaleur de celui de température, ce n'est pas pour autant qu'ils en ont compris la nature. Il faudra en effet attendre le dix-neuvième siècle pour que James Prescott Joule montre que la chaleur, tout comme le travail mécanique, correspond à un transfert d'énergie. Ainsi en 1787, dans un ouvrage commun, Antoine Laurent de Lavoisier, Claude Berthollet, Louis Bernard Guyton de Morveau et Antoine François de Fourcroy écrivaient encore qu'il fallait « distinguer la chaleur [...] du principe matériel qui en (était) la cause », et ils désignaient ce dernier par le terme de « calorique ». Ainsi, pendant quelques décennies les physiciens ont-ils cru qu'il existait une matière de la chaleur, véritable fluide répandu dans celle-ci qui aurait en outre la propriété de pénétrer facilement dans les corps chauds et aurait du mal à se faufiler à l'intérieur des corps froids ! Seuls quelques physiciens minoritaires tels Daniel Bernoulli et Pierre Simon de Laplace considéraient alors la chaleur comme le résultat de mouvements microscopiques d'agitation au sein de la matière. La théorie du calorique était presque uniformément reconnue et ce n'est que lorsque le premier principe de la thermodynamique sera énoncé, qu'on l'abandonnera définitivement.

Le premier principe de la thermodynamique

Le premier principe de la thermodynamique, qui traduit la conservation de l'énergie et l'équivalence entre le travail et la chaleur, a été énoncé pour la première fois en 1845. En 1840, quand le médecin allemand Robert Mayer en eut le premier l'intuition, certains physiciens étaient encore partisans de la thèse du calorique. Selon eux la chaleur était propre à un corps et son importance traduisait la présence plus ou moins abondante dans ce dernier de la substance calorique. Certes dès la fin du dix-huitième siècle l'Américain Benjamin Thompson avait compris que le frottement pouvait engendrer de la chaleur et il avait multiplié les expériences pour ébranler l'hypothèse du calorique. Mais ses travaux, publiés en 1804 sous le titre *Mémoire sur la chaleur*, n'avaient pas convaincu la communauté scientifique de l'époque.

Quand en 1840 Mayer commence ses réflexions, il s'intéresse au corps humain. Convaincu que la chaleur de ce dernier provient de la conversion de l'énergie chimique des aliments, il envisage de relier le concept de chaleur à celui d'énergie. Nous devons d'ailleurs préciser que ce dernier terme (du grec « ergon » qui signifie « action ») n'est apparu que très tard en physique, puisque c'est en 1807 que Thomas Young l'introduisit au cours de ses recherches d'optique. Certes les travaux de mécanique sur la « force vive mv^2 » au dix-huitième siècle avaient permis de progresser sur ce concept, mais l'étude des phénomènes énergétiques en physique et des échanges thermiques ont longtemps semblé décorrélés. Ainsi, c'est le terme de « force » et non le néologisme « énergie » que Mayer utilise lorsqu'il expose le principe général de conservation de celle-ci. Le premier principe dans sa formulation actuelle traduit le fait que pour tout système fermé (qui n'échange donc pas de matière avec le milieu extérieur), on peut définir une fonction proportionnelle à la quantité de matière, qui reste constante lorsque le système est isolé (c'est-à-dire lorsqu'il n'échange pas d'énergie avec l'extérieur). Cette fonction appelée « énergie totale » est la somme de l'énergie cinétique macroscopique E_c du système, de son énergie interne U et de l'énergie potentielle E_p associée aux forces extérieures conservatives qui s'exercent sur lui : $E = E_c + E_p + U$.

Lorsque le système échange de l'énergie avec l'extérieur, ces échanges d'énergie peuvent revêtir deux formes : soit ils s'effectuent sous forme de travail mécanique W, qui constitue un échange d'énergie macroscopique, soit sous forme de chaleur Q. Ainsi la variation de l'énergie totale, que nous noterons Δ E vérifie-t-elle : $\Delta E = \Delta (U + E_c + E_{pe}) = W + Q$.

Tant que l'on ignorait que le travail et la chaleur étaient de même nature, ces deux grandeurs ne s'exprimaient pas dans la même unité. Ainsi, alors que la calorie était l'unité de chaleur, le kilogramme-mètre était celle du travail. Joule, le premier, quantifia le lien qui unissait ces deux grandeurs. Il avait entre autres comparé le travail fourni par une dynamo à la chaleur dégagée dans le circuit où celle-ci se trouvait. Il trouva que la calorie valait environ 0,45 kilogramme-mètre. On admet aujourd'hui qu'une calorie (unité encore utilisée par les nutritionnistes) vaut 4,186 Joules et qu'un Joule vaut 1/9,81 kilogramme-mètre au niveau de la mer. La précision des mesures de Joule était bonne : moins de 7 % d'erreur.

Le premier principe est donc à la fois le principe d'équivalence entre la chaleur et le travail, mais aussi, et surtout, celui qui traduit la conservation de l'énergie dans l'Univers. Ce principe est fondamental. Il est en effet nécessaire de postuler que l'énergie totale se conserve, si l'on veut calculer les échanges énergétiques susceptibles de se produire. Mais ce principe ne saurait suffire pour effectuer ces calculs. Imaginons en effet que l'on mélange dans un récipient calorifugé 1 kg d'eau à 50°C et 1 kg d'eau à 20°C. Le premier principe postule que l'énergie totale des deux kilogrammes d'eau reste constante. Mais rien dans ce principe n'exclut que l'eau initialement à 50°C ne reçoive de la chaleur et voit sa température augmenter et que celle initialement à 20°C n'en fournisse et voit la sienne diminuer. Seule l'expérience prouve le contraire. Le premier principe est donc insuffisant : il ne permet pas d'imposer toutes les conditions requises. Un deuxième principe s'avère donc nécessaire pour prévoir comment évolue un système donné.

Moteurs thermiques et deuxième principe

Si nous avions voulu suivre rigoureusement la chronologie, nous aurions exposé le second principe avant de parler du premier. Historiquement celui-ci a en effet sa source dans les *Réflexions sur la puissance motrice du feu et sur les machines propres à développer cette puissance*, œuvre que publia en 1824 le Français Sadi Carnot.

Ce principe impose une nouvelle condition pour qu'une transformation soit réalisable et il permet de prévoir dans quel sens va se produire l'évolution d'un système. Dans sa formulation originelle, ce deuxième principe s'intéressait au fonctionnement optimal des machines à vapeur.

Carnot était partisan de l'interprétation calorique de la chaleur. Ses travaux étaient passés relativement inaperçus et sans la relecture et la vulgarisation effectuée dix ans plus tard par l'ingénieur des Mines Émile Clapeyron, et sans la magistrale exploitation que l'Allemand Rudolf Clausius en fit, ils auraient probablement sombré dans l'oubli.

Carnot affirmait que :

> toutes les machines dithermes réversibles ont la même efficacité maximale qui ne dépend que des températures des sources.

De manière générale, une machine thermique fonctionne grâce à un fluide qui subit des transformations. Et c'est au cours de ces dernières que s'effectuent les échanges d'énergie. Si le fluide est tour à tour en contact avec deux sources de chaleur, la machine dans lequel il circule est qualifiée de « ditherme ». Suivant le sens dans lequel s'effectuent les échanges énergétiques une telle machine est susceptible de fonctionner en moteur ou en récepteur.

Dans le cas d'un moteur, le fluide fournit du travail au milieu extérieur et de la chaleur à la source froide. Il prend par contre de la chaleur à la source chaude.

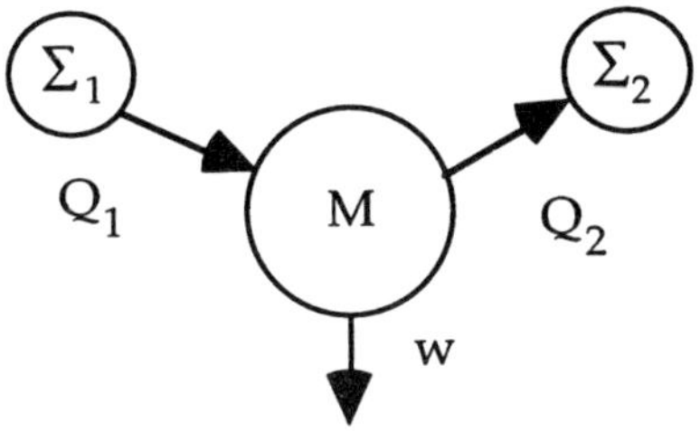

Moteur de Carnot

Σ_1, source chaude à la température T_1 ($T_1 > T_2$)

Σ_2, source froide à la température T_2.

Si par contre la machine thermique a besoin de recevoir du travail pour fonctionner, le fluide prend alors la chaleur à la source froide. Il en restitue ensuite à la source chaude. Cette machine constitue alors un réfrigérateur pour la source froide ou une pompe à chaleur pour la source chaude.

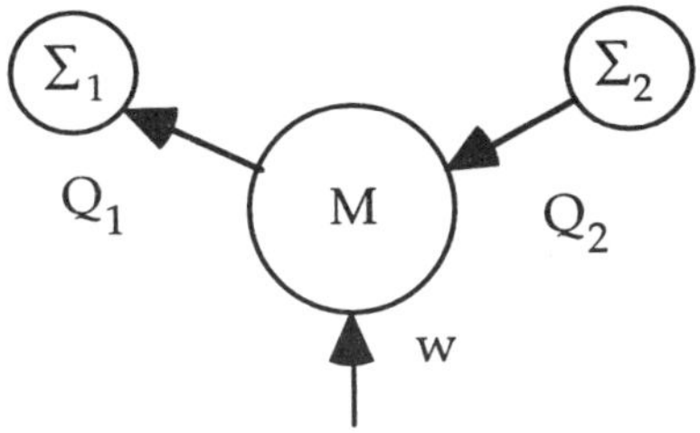

Pompe à chaleur pour Σ_1 (le local à chauffer est Σ_1)

Réfrigérateur pour Σ_2 (l'intérieur du réfrigérateur est Σ_2)

Une telle machine qui par l'intermédiaire du fluide calorifique transfère la chaleur depuis la source froide jusqu'à la source chaude consomme de l'énergie sous forme de travail. En effet comme l'écrit l'Allemand Clausius en 1848 :

> la chaleur ne passe pas spontanément d'un corps froid à un corps chaud.

Cet énoncé est équivalent au second principe tel que Carnot l'a formulé. Mais contrairement à ce dernier, il eut un grand retentissement. Et c'est parce qu'il fut publié après les travaux de Mayer sur le principe d'équivalence travail-chaleur, qu'on le baptisa « deuxième principe ».

En 1852 l'Écossais William Thomson écrivait de son côté :

> un système en contact avec une seule source de chaleur ne peut au cours d'un cycle que recevoir du travail et fournir de la chaleur.

Il affirmait ainsi l'impossibilité de construire un moteur monotherme qui convertirait en travail mécanique toute l'énergie thermique que lui fournirait la source de chaleur.

L'énoncé moderne du second principe de la thermodynamique permet désormais de démontrer que les trois formulations précédemment citées sont rigoureusement équivalentes. Aujourd'hui, les énoncés que nous venons de présenter revêtent avant tout une importance historique : ils témoignent de l'horizon industriel dans lequel s'inscrivaient les recherches théoriques dans le domaine de la thermodynamique. L'énoncé de Carnot a en outre un statut particulier : c'est lui qui permit à Thomson de se convaincre qu'il était possible de définir une échelle absolue de température indépendante du fluide thermométrique étudié.

La température absolue

C'est en partant du rendement maximum du moteur de Carnot, indépendant de la nature du fluide utilisé et uniquement tributaire des températures des deux sources, que Thomson (futur lord Kelvin) a construit l'échelle thermométrique absolue, plus connue aujourd'hui sous le nom d'échelle Kelvin. Thomson montra qu'en utilisant une certaine échelle de température, et en notant T_1 la température de la source chaude du moteur thermique et T_2 celle de sa source froide, le rendement maximum de ce dernier s'écrivait $\frac{T_1 - T_2}{T_1}$.

L'utilisation de l'échelle Kelvin permettait d'ailleurs de préciser la loi de Boyle-Mariotte relative aux gaz parfaits. Depuis un siècle on savait en effet que le produit de la pression et du volume d'une quantité donnée de gaz parfait était constant pour une température donnée. En exprimant la température T en Kelvins, on s'aperçut en outre que le produit $P \times V$ était proportionnel à celle-ci. Une pression et un volume ne peuvent être négatifs. La température Kelvin est donc forcément positive.

L'échelle Kelvin est aujourd'hui celle du système international d'unités. Depuis 1954, la valeur 273,16 Kelvin est associée à la température du point triple de l'eau (point où les trois phases de l'eau solide, liquide et vapeur, coexistent à l'équilibre). En outre un Kelvin (1 K) vaut un degré Celsius (1°C). Le premier des deux points fixes de l'échelle Celsius correspond quant à lui au point de fusion de la glace sous la pression atmosphérique normale : 273,15 K. Ainsi, si θ note la température en degrés Celsius et T celle en Kelvin, alors $\theta = T - 273{,}15$.

Irréversibilité et entropie

Visionnaire, doué d'un esprit de synthèse et d'une clairvoyance remarquables, Clausius est sans nul doute le fondateur de la thermodynamique. C'est dans une publication de 1850 qu'il a analysé le travail de Carnot dans le cadre du principe d'équivalence travail-chaleur. Pour la première fois dans l'histoire de la thermodynamique les deux principes étaient étudiés conjointement.

C'est en partant de l'étude du moteur de Carnot que Clausius est parvenu à traduire mathématiquement le deuxième principe de la thermodynamique. Dans ce moteur, le fluide reçoit la chaleur Q_1 provenant de la source chaude ($Q_1 > 0$) et Q_2 de la source froide ($Q_2 < 0$ puisqu'en réalité le transfert thermique s'effectue du fluide vers la source). L'inégalité $\frac{Q_1}{T_1} + \frac{Q_2}{T_2} \leq 0$ qu'il proposa, appelée depuis « inégalité de Clausius », n'aurait pu être écrite si Thomson n'avait pas créé l'échelle absolue de température. Clausius a ensuite généralisé ce résultat aux systèmes en contact non plus avec deux sources de chaleur, mais avec une infinité de sources.

1854 est une année importante dans l'œuvre de Clausius. C'est à cette époque qu'il a montré que le deuxième principe était un principe d'évolution, alors que le premier principe était un principe de conservation (de l'énergie). Le deuxième principe permet en effet de statuer sur le caractère possible ou impossible d'une transformation. Si l'on reprend l'exemple des deux masses égales d'eau respectivement à 20°C et 50°C qui une fois mélangées s'équilibreront à 35°C, on est forcé d'admettre qu'une fois à 35°C, il n'y a aucune chance que le mélange ne se scinde en deux masses égales, l'une se refroidissant jusqu'à 20°C et l'autre se réchauffant jusqu'à 50°C. C'est le deuxième principe qui permet d'exclure cette éventualité. Ainsi, si l'on filmait l'opération de mélange et si l'on inversait le sens de projection du film, l'image visionnée ne pourrait correspondre à une réalité. De manière générale, toute transformation qui est liée au sens d'écoulement du temps et pour laquelle il est impossible d'inverser la flèche du temps est dite « irréversible ». Toute transformation réelle est en fait irréversible, les transformations réversibles ne constituant que des modèles idéaux fabriqués pour construire certains raisonnements.

C'est pour parfaire la formulation mathématique de ce principe d'évolution, que Clausius invente en 1854 une fonction S qu'il baptise « entropie » et dont l'étymologie signifie « se retourner, transformer, changer ». Ainsi, alors qu'étymologiquement le terme d'« énergie » vient de celui d'« action », l'« entropie » est liée au concept d'« évolution ». En 1865 Clausius lui-même écrivait :

> Si l'on cherche pour S un nom caractéristique, on pourrait lui donner celui de « contenu de transformation du corps ».

Mais il explique qu'il a malgré tout préféré appeler la quantité S, entropie du corps et il ajoute :

> C'est à dessein que j'ai formé le mot entropie de manière qu'il se rapproche autant que possible du mot énergie car ces deux quantités ont une telle analogie dans leur signification physique qu'une certaine analogie de dénomination m'a paru utile.

La formulation du deuxième principe est aujourd'hui la suivante : Pour tout système fermé (qui n'échange pas de matière avec l'extérieur), il existe une fonction proportionnelle à la quantité de matière dont la variation est égale à la somme d'un terme d'échange et d'un terme de production ($\Delta S = S^e + S^p$). La production d'entropie est nulle si la transformation est réversible, strictement positive sinon, le terme d'échange étant nul si le système est isolé.

Ainsi, alors que le premier principe traduit la conservation de l'énergie d'un système isolé, le deuxième principe affirme que son entropie ne peut qu'augmenter : l'entropie ne cesse de croître que lorsque l'équilibre est atteint. Le deuxième principe est indissociable de la direction de la flèche du temps. C'est d'ailleurs parce qu'il est si intimement lié au concept de temps et à celui d'irréversibilité, qu'il a alimenté et étayé tant de réflexions d'ordre philosophique.

La thermodynamique statistique

Dès le dix-neuvième siècle de nombreux physiciens étaient convaincus que les résultats observés au niveau macroscopique, et traduits grâce aux variables d'état en termes de pression, de température et de volume, pouvaient s'interpréter au niveau des molécules du gaz. La tâche n'était cependant pas aisée : sous la pression atmosphérique un litre de gaz contient quelques dizaines de millions de milliards de milliards de molécules ! Leur but n'était évidemment pas d'étudier chaque molécule individuellement. Ce qu'ils espéraient, c'était avant tout d'établir des lois de type statistique. Mais au dix-neuvième siècle l'analyse statistique n'en était qu'à ses débuts, et les scientifiques d'alors ne s'accordaient pas tous sur l'existence des atomes et des molécules. Certes le chimiste Dalton avait montré que la théorie atomique permettait de retrouver de nombreux résultats expérimentaux, et à la suite des travaux des Français Jacques Charles et Joseph Louis Gay-Lussac, l'Italien Lorenzo Romano Amedeo Carlo Avogadro avait prouvé en 1811 que dans les mêmes conditions de pression et de température deux volumes égaux de gaz contenaient le même nombre de molécules. Mais pour autant, certains étaient encore sceptiques sur l'existence de ces particules qui constituaient la matière et qui avaient été baptisées atomes. C'est donc dans un contexte de doutes que se sont inscrits les premiers travaux sur l'étude cinétique des gaz. Les premiers modèles utilisés pour rendre compte du mouvement des molécules étaient d'ailleurs extrêmement sommaires. C'est le Britannique James Clerk Maxwell qui le premier a posé en 1860 les bases de l'analyse statistique appliquée à la physique. Les travaux de Maxwell s'inscrivaient dans la continuité de ceux de Clausius qui en 1859 avait introduit la notion de libre parcours moyen (longueur que parcourt une molécule entre deux collisions). L'étude statistique du gaz au niveau microscopique permit de retrouver la plupart des résultats macroscopiques et notamment la loi des gaz parfaits (le produit P × V est proportionnel à la température T).

Mais dans les années 1870 une difficulté nouvelle apparut lorsque l'on tenta d'interpréter le second principe de la thermodynamique au niveau microscopique. La question de la réversibilité constituait le problème majeur. Il semblait en effet qu'une transformation irréversible à l'échelle macroscopique pût être considérée comme réversible au niveau des molécules. Les équations permettant d'établir les trajectoires des molécules étaient en effet parfaitement réversibles (elles n'étaient pas modifiées lorsque l'on changeait la variable temporelle t par « $-t$ ») et le comportement de chacune des molécules l'était lui aussi a priori. C'est l'Autrichien Ludwig Boltzmann qui comprit que c'était au niveau de la distribution des particules qu'apparaissait l'irréversibilité. Depuis les travaux de Maxwell dans les années 1860 on savait en effet que la probabilité qu'une particule se trouve au voisinage d'un point M donné avec une vitesse proche d'une valeur v donnée était fournie par une fonction appelée « fonction de distribution ». Boltzmann qui s'intéressait à la distribution statistique des vitesses s'aperçut qu'en dehors de l'équilibre celle-ci obéissait à une équation qui n'était pas réversible.

Les travaux de Boltzmann furent mal compris par la communauté scientifique allemande qui le méprisa ouvertement. Pourtant, c'est lui qui dès 1877 parvint à interpréter correctement le concept d'entropie au niveau microscopique. Il sut en effet relier cette grandeur au désordre moléculaire, et c'est grâce à ses travaux et à son soutien qu'en 1901 l'Allemand Max Planck put généraliser l'expression de S et montrer que « $S = k \ln \Omega$ ». Dans cette célèbre expression où apparaît un logarithme népérien, k est une constante fondamentale appelée constante de Boltzmann, et Ω désigne le nombre d'états microscopiques (on dit aussi micro-états) permettant de réaliser l'état observé à l'échelle macroscopique.

Prenons un exemple simple pour illustrer ce que représente cette grandeur Ω. Considérerons pour cela un récipient contenant deux compartiments et imaginons qu'au départ quatre molécules, notées respectivement A, B, C, D, se trouvent dans sa partie de droite et aucune de l'autre côté. Supposons que l'on ouvre la paroi entre les deux parties du récipient et étudions les macro-états possibles et les micro-états correspondants.

État 1 : 4 molécules à droite, 0 à gauche

	A B C D

1 seul micro-état (Ω = 1)

État 2 : 3 molécules à droite, 1 à gauche

A	B C D		C	A B D
B	A C D		D	A B C

4 micro-états (Ω = 4)

État 3 : 2 molécules à droite, 2 à gauche

A B	C D		B C	A D
A C	B D		B D	A C
A D	B C		C D	A B

6 micro-états (Ω = 6)

État 4 : 1 molécule à droite, 3 à gauche

B C D	A

A B D	C

A C D	B

A B C	D

4 micro-états (Ω = 4)

État 5 : 0 molécule à droite, 4 à gauche

A B C D	

1 seul micro-état (Ω = 1)

Dans cet exemple c'est le macro-état n°3 qui « a le plus de chances » (on parle de plus grande probabilité) de se réaliser. C'est aussi celui caractérisé par le plus grand nombre de micro-états Ω. C'est l'état d'équilibre, celui qui correspond à l'entropie maximale et au « désordre » le plus grand (pour les autres macro-états, on peut prévoir dans quel compartiment une molécule donnée a la plus grande probabilité de présence ; ce n'est pas le cas ici et c'est en ce sens que l'on parle de « désordre maximal »).

En introduisant l'entropie statistique ($S = k \ln \Omega$), Boltzmann a montré que la production d'entropie liée à l'irréversibilité correspond bien au passage d'un état plus ordonné vers un état moins ordonné. Ainsi si l'on considère l'Univers dans son ensemble (celui-ci peut être supposé isolé), l'ordre a tendance à y diminuer.

La thermodynamique depuis Boltzmann

À la fin du XIXe siècle, c'est au domaine de la chimie et des équilibres chimiques que s'étend la thermodynamique. Le grand maître de la thermochimie est assurément l'Américain Willard Gibbs. Dès 1876 il publia un article contenant les grandes lois des équilibres chimiques qui devaient être redécouvertes par la suite (loi de Van't Hoff, loi de le Chatelier). Mais les travaux de Gibbs dans le domaine de la mécanique statistique sont eux aussi remarquables. Ils méritent d'autant plus d'êtres cités qu'ils annonçaient déjà les avancées qui auront lieu au siècle suivant dans l'étude des situations de non équilibre.

L'autre grand nom de la thermochimie est celui du Français Pierre Duhem qui fut aussi un brillant épistémologue et historien des sciences. Duhem fut celui qui introduisit la notion de « potentiel chimique » grâce à laquelle il est possible de déterminer la nature d'un équilibre chimique. Mais Duhem, qui rêvait de réunir la physique et la chimie dans une thermodynamique généralisée, refusait la théorie atomique et, à l'instar des énergétistes allemands, n'a jamais reconnu les travaux de Boltzmann.

Après 1920 c'est sur les situations de non équilibre que se sont penchés les thermodynamiciens. Les premières études sur les phénomènes irréversibles furent menées à l'université de Yale par le Norvégien Lars Onsager. Onsager s'intéressa aux phénomènes de transport et relia les courants caractérisant les états de non-équilibre aux forces généralisées par des relations linéaires. S'appuyant sur des considérations expérimentales, puis se basant sur une analyse statistique, il fit apparaître des symétries traduisant la réciprocité de ces relations. Il parvint tout d'abord à unifier dans une seule et même théorie la conduction de la chaleur (qu'avait étudiée expérimentalement Joseph Fourier), la diffusion des particules (que l'on analysait depuis 1855 grâce à la loi empirique de Fick) et la conduction électrique (sur laquelle avait travaillé Georg Ohm). Mais Onsager étudia aussi les interactions entre ces différents phénomènes de transports. Sa théorie lui permit notamment de comprendre la thermodiffusion mais aussi les effets thermoélectriques qui traduisent la conversion réciproque d'énergie électrique en énergie thermique. Ses travaux lui valurent l'attribution du prix Nobel de chimie en 1968.

Dans la deuxième moitié du vingtième siècle, ce sont les situations très éloignées de l'équilibre pour lesquelles il est impossible d'établir des équations linéaires qui ont été l'objet de nombreuses recherches. La thermodynamique non linéaire a réservé des surprises. On s'est aperçu notamment que dans certaines situations, un milieu matériel pouvait passer d'un état moins ordonné à un état plus ordonné. Le chimiste belge Ilya Prigogine s'est employé à prouver qu'un tel phénomène ne contredisait pas le second principe. Il souligna pour cela l'importance des fluctuations qui sont en effet susceptibles de s'amplifier jusqu'à perturber l'état macroscopique et engendrer une « bifurcation » vers un autre état macroscopique encore plus organisé. La thermodynamique non linéaire pourrait donc s'appliquer à la biologie : la notion de vivant qui correspond à un degré d'organisation exceptionnel de la matière pourrait en effet résulter du rôle constructif de certains processus irréversibles lorsque l'on se trouve loin de l'équilibre. L'auto-organisation que présuppose la vie s'expliquerait donc grâce à la thermodynamique. C'est en tout cas l'opinion de l'école de Bruxelles. On conçoit aisément que le deuxième principe, dont on a dit qu'il était « le plus métaphysique des principes de la physique », ait pu nourrir un si grand nombre de réflexions sur les problèmes de contingence et de finalité.

Les recherches en thermodynamique non linéaire ne font que débuter. Actuellement la plupart des travaux s'effectuent dans le cadre de l'hypothèse de l'équilibre local. On suppose en effet que les variables thermodynamiques (pression, température) peuvent être utilisées localement dans un système hors équilibre. Il reste un travail important à accomplir dans tous les cas où cette hypothèse n'est pas vérifiée.

Chapitre IV

L'ÉLECTROMAGNÉTISME

De l'Antiquité au XVIIe siècle

Certains écrits grecs traduisent l'intérêt et l'étonnement de ces hommes face aux phénomènes électrostatiques et magnétiques qu'ils avaient rencontrés. Ainsi, sept siècles avant notre ère, Thalès de Milet (640-562) évoquait-il le fait que l'ambre jaune une fois frotté, attirait des corps légers. Cet exemple revêt une importance particulière puisque c'est ce matériau, dont le nom grec est « électron », qui a servi de racine étymologique à toute une science qui ne se développa vraiment qu'au dix-huitième siècle. Mais les Grecs, bien qu'excellents observateurs, n'avaient pas su interpréter les phénomènes d'électrisation qu'ils avaient découverts.

Dans le domaine de la magnétostatique aussi, Thalès avait scrupuleusement noté ses remarques. Il avait en effet observé que la magnétite avait la faculté d'attirer le fer. Mais il ne sut pas expliquer pourquoi.

Par la suite, les phénomènes dus aux effets électrostatiques ou magnétostatiques ont particulièrement fasciné les hommes. Leur imagination leur a fait croire une multitude de choses à ce sujet. Ils ont cru pouvoir généraliser des propriétés de la matière et des interactions dont on connaît désormais les conditions d'existence, à tout ce qui se trouve sur notre Terre. Une vision animiste de notre monde est peut-être à l'origine de ces croyances qui ont traversé les siècles. Il est d'ailleurs surprenant que celles-ci perdurent encore à notre époque et dans nos sociétés. Aussi, de même que nous avons veillé à distinguer les « astronomes » des « astrologues », nous nous garderons de confondre les « magnéticiens », c'est-à-dire les physiciens qui ont étudié les phénomènes magnétiques de manière expérimentale et rigoureuse, des « magnétiseurs » qui usurpent des termes physiques mal compris pour étayer des théories sans fondement. Rappelons que les pouvoirs prêtés aux matériaux magnétiques ont parfois entravé les progrès que ces dernières permettaient de réaliser. Ainsi la boussole, apparue au troisième siècle après J.-C. chez les Asiatiques, a-t-elle pendant un millénaire servi uniquement pour prévoir l'avenir ! Ce n'est donc qu'au treizième siècle que l'on a commencé à utiliser cet instrument pour la navigation... Au seizième siècle encore, on prêtait aux forces magnétiques toutes sortes de vertus. Kepler les croyait responsables du mouvement des planètes qu'il avait si bien décrit. Dans son ouvrage *De Magnete* l'Anglais Gilbert, qui pour expliquer les différences d'inclinaison des aiguilles aimantées en divers points du globe avait compris que la Terre était un gigantesque aimant, croyait quant à lui que c'était cette « vertu magnétique » qui permettait à notre planète de tourner sur elle-même.

Premières théories

C'est au dix-septième siècle que pour la première fois fut produite de l'électricité statique. En 1660 l'Allemand Otto von Guericke, grand expérimentateur qui s'était en outre distingué par ses recherches sur le vide, eut l'idée de monter une boule de soufre en rotation sur un axe horizontal et de la frotter. C'est lui qui le premier mit ainsi en évidence les effets répulsifs que pouvait engendrer l'électricité. Il eut aussi l'idée de comparer les étincelles produites par sa machine avec les éclairs qui naissaient dans le ciel lors des orages. Mais il fallut attendre

1750 pour que Benjamin Franklin à l'aide de paratonnerres et de cerfs-volants parvienne à recueillir cette électricité et démontre ainsi la nature électrique de la foudre.

C'est au début du dix-huitième que l'on imagina pour la première fois l'existence de deux sortes d'électricité : l'électricité « vitrée » produite lorsque l'on frotte un bâton de verre et l'électricité « résineuse » apparaissant sur les bâtons de résine. On sait aujourd'hui que ces deux types de matériau ne se chargent pas de la même façon par frottement, mais les recherches qui furent menées alors privilégièrent le concept de « fluide électrique » à celui de charge élémentaire. Pendant plusieurs décennies deux théories se sont alors affrontées.

Les partisans de la première pensaient à l'instar de Benjamin Franklin que l'électricité était formée de particules qui constituaient un fluide capable de se propager dans les métaux et d'être « pompée » à l'extérieur. Ils croyaient que la matière était constituée de particules qui s'attiraient mutuellement et que le « fluide électrique » ne comportait que des particules répulsives. Ainsi, l'excès ou le défaut de fluide électrique à l'intérieur d'un corps leur permettait d'expliquer la charge électrique globale de ce dernier. En ce milieu de dix-huitième siècle, on était bien loin, de la notion d'atome électriquement neutre, et de celle d'électron ! Ce n'est d'ailleurs qu'en 1891 que ce dernier, plus petite charge négative susceptible d'exister isolé dans la matière, sera nommé par Georges Stoney. Il faudra même attendre 1897 pour connaître les caractéristiques de cette particule dont Joseph John Thomson allait mesurer la masse et la charge ! Mais au dix-huitième siècle, on préférait raisonner sur des fluides. Cette théorie du fluide unique fut défendue par le célèbre Henry Cavendish dont l'histoire a retenu à la fois les travaux de chimie sur l'hydrogène et d'électrostatique sur les condensateurs.

La seconde théorie présupposait quant à elle l'existence dans la matière de deux fluides présents en quantités identiques dans les corps neutres. D'après ses partisans, c'était le déplacement de l'un de ces deux fluides, attiré par la présence d'un corps électrisé, qui expliquait les phénomènes d'électrisation par influence que Stephen Gray avait mis en évidence au siècle précédent. Cette théorie fut la plus répandue des deux. C'est celle qu'utilisa Charles Augustin Coulomb dans ses écrits. Mais comme il l'explique lui-même, son but était d'exposer « avec le moins d'éléments possibles les résultats du calcul et de l'expérience et non d'indiquer les différentes causes ». Et ce fut d'ailleurs lui qui montra que la théorie du fluide unique et celle des deux fluides étaient mathématiquement équivalentes.

À l'époque de Cavendish et de Coulomb on n'évoquait pas l'existence des charges élémentaires, ces corps qui mesurent moins d'un millième de milliardième de millimètre et qui possèdent en toutes circonstances la même charge. Mais même si le concept de charge électrique n'était pas clairement défini, ces deux hommes sont parvenus à cerner de nombreuses notions fondamentales : leur habileté expérimentale et la clairvoyance dont ils ont fait preuve leur ont permis de progresser rapidement.

Au dix-huitième siècle, les domaines de la physique n'étaient pas cloisonnés et les chercheurs étaient pour la plupart polyvalents : Coulomb qui était aussi ingénieur et dont l'histoire a essentiellement retenu les travaux d'électrostatique s'était ainsi distingué par ses recherches de mécanique sur les frottements et sur les pendules de torsion. L'esprit de Coulomb était empreint des résultats établis au siècle précédent par Isaac Newton. Ce dernier avait en effet montré que l'interaction de gravitation résultait de l'action à distance de deux corps et que son intensité était inversement proportionnelle au carré de la distance qui les séparait. En 1780, la prédominance de la pensée Newtonienne au sein de la communauté scientifique poussa Coulomb à envisager une interaction de même type entre charges électriques. Pour mesurer la force s'exerçant entre deux corps de charges q_1 et q_2 il utilisa la balance de torsion qu'il avait lui même conçue : il s'agissait de fixer q_1 et de compenser la force que celle-ci exerçait sur q_2 par le couple de torsion d'un fil auquel était reliée q_2.

Les mesures de Coulomb étaient relativement peu précises. En outre, il ne disposait pas de charges ponctuelles : il réalisait ses expériences avec des épingles à grosse tête, plantées dans de la cire. Malgré cela, il parvint à établir que l'intensité de la force s'exerçant entre deux charges ponctuelles q_1 et q_2 était proportionnelle au produit de ces charges et inversement proportionnelle au carré de la distance les séparant. En outre la direction de celle-ci était celle de la droite reliant q_1 et q_2. La formulation de cette force, formellement semblable à l'interaction de gravitation $\left(\vec{F}_{m_1 \to m_2} = \frac{-Gm_1m_2}{r^2}\vec{u}_{1\to2}\right)$, est toujours connue sous le nom de « loi de Coulomb ». Des mesures plus récentes et plus précises ont confirmé dans le vide l'expression : $\vec{F}_{q_1\to q_2} = \frac{q_1 \times q_2}{4\pi\varepsilon_0 r^2}\vec{u}_{1\to2}$ où ε_0 est une constante appelée permittivité diélectrique du vide, et *r* la distance séparant q_1 de q_2.

A une époque où les théories du fluide ou des fluides électriques étaient d'actualité, l'expression de la force électrostatique permit pour la première fois de comprendre ce que représentait la charge électrique. C'est en ce sens que l'on peut considérer à l'instar du mathématicien et physicien Allemand Carl Friedrich Gauss que c'est Coulomb qui le premier a vraiment su définir ce concept. Notons d'ailleurs que la charge électrique s'exprime en Coulomb dans le système international d'unités.

L'autre grand nom de l'électromagnétisme du dix-huitième siècle est assurément celui de Henry Cavendish. L'œuvre de ce dernier ne fut pas publiée dans son intégralité et une grande part de celle-ci serait restée inconnue si James Clark Maxwell ne l'avait révélée à la communauté scientifique au siècle qui suivit. Cavendish fut tout d'abord celui qui étudia la répartition du

« fluide électrique », autrement dit des charges électriques, dans les conducteurs. Il s'aperçut notamment que celles-ci étaient confinées à leur surface. Son contemporain Coulomb avait lui aussi établi ce résultat mais Cavendish devait aller plus loin dans cette étude. C'est en effet à lui que l'on doit l'analyse théorique des condensateurs et la notion de potentiel électrostatique. La bouteille de Leyde inventée aux alentours de 1745 avait déjà suscité l'intérêt de physiciens de la génération précédente tels Benjamin Franklin. Ancêtre du condensateur, cette bouteille de verre permettait de stocker une certaine charge électrique. À moitié remplie d'eau, elle était obturée par un bouchon de liège. Celui-ci était percé d'une fine tige métallique immergée dans l'eau à l'une de ses extrémités. La tige était mise en contact avec un générateur électrostatique. Les charges emmagasinées pouvaient ensuite être restituées, ce qui permettait d'obtenir un courant électrique pendant un bref instant.

Les dispositifs de stockage de charge électrique furent par la suite améliorés. De manière générale, un condensateur est formé de conducteurs métalliques voisins (on parle d'armatures) séparés par un isolant appelé diélectrique. Si l'un des deux conducteurs entoure totalement ou presque totalement l'autre, le condensateur est qualifié de « fermé » et les charges des armatures sont opposées l'une à l'autre. C'est Cavendish le premier qui s'aperçut que la charge emmagasinée sur l'une des armatures d'un tel condensateur était proportionnelle à la différence de potentiel qui existait entre les deux armatures. Il employait en fait le terme de « degré d'électrification » pour désigner le potentiel, qui ne sera défini par Kirchhoff qu'en 1840. La constante de proportionnalité était la capacité du condensateur ($Q = C \times U$). Cavendish fut également celui qui cinquante ans avant Ohm s'est intéressé à la résistance de certains corps et fut sur le point d'établir la loi de proportionnalité qui porte aujourd'hui le nom du savant Allemand.

Les travaux de Cavendish et de Coulomb ont indubitablement marqué leur siècle. Il est néanmoins probable que ces deux hommes seraient encore allés plus loin s'ils avaient disposé de générateurs plus performants. Rappelons en effet qu'à cette époque c'est uniquement en reliant les armatures d'un condensateur, lui-même chargé par un générateur électrostatique, que l'on pouvait obtenir un courant électrique...

D'Œrsted à la naissance de l'électromagnétisme

Dès le seizième siècle certains navigateurs avaient remarqué que la foudre perturbait l'orientation des boussoles. Ils évoquaient aussi des cas où celle-ci parvenait à aimanter certains ustensiles en fer. Des scientifiques s'étaient alors interrogés sur une éventuelle corrélation entre les phénomènes électriques et les phénomènes magnétiques.

Tant que l'on croyait qu'il existait un ou plusieurs fluides purement électriques, il semblait inconcevable de répondre par l'affirmative à une telle interrogation. Aussi ce problème cessa assez rapidement de passionner les esprits et au début du dix-neuvième siècle il n'était même plus évoqué dans les manuels de physique. En outre, les moyens expérimentaux dont on disposait pour produire de l'électricité étaient rudimentaires. Certes la machine électrostatique de Von Guericke avait été améliorée, mais tant que l'on n'a pas su produire des courants électriques à volonté sur des durées importantes il était quasiment impossible d'étudier réellement les liens entre l'électricité et le magnétisme.

L'année 1800 marqua en ce sens un tournant décisif. Depuis 1798 Alexandre Volta réfléchissait à l'expérience de Luigi Galvani qui avait observé que les membres d'une grenouille, dont deux parties du corps étaient reliées par un arc métallique, se contractaient. Il savait aussi qu'en plaçant la langue entre deux métaux différents reliés par un fil métallique, on éprouvait une étrange sensation de picotement. Volta pensait alors que l'on pouvait obtenir de l'électricité grâce à des paires de disques formées par l'association de deux métaux différents. Il espérait de plus qu'il serait possible de cumuler les effets de plusieurs disques en empilant ces derniers. Il essaya à plusieurs reprises. En vain. Volta eut finalement l'idée d'interposer dans cette « pile » de disques des bouts de tissus humides. La pile Volta venait de naître. À partir de cette date on se mit à parler d'électricité circulante, par opposition à l'électricité statique qui était la seule que l'on savait produire jusqu'alors.

Véritable révolution dans l'étude des courants électriques, la pile permit d'étudier leurs liens avec les effets caloriques mais aussi leur action sur les métaux et les solutions aqueuses. Les premiers travaux sur l'électrolyse portèrent sur la décomposition électrochimique de l'eau en oxygène et hydrogène. On les doit à l'Anglais Humphry Davy qui fut aussi celui qui produisit en 1810 le premier arc électrique, véritable petit éclair réalisé dans un laboratoire. Il était désormais clair que l'électricité était liée aux phénomènes calorifiques, lumineux et chimiques. On se demanda de nouveau quels étaient les liens qu'elle était susceptible d'avoir avec le magnétisme. Ainsi, quand Hans Christian Œrsted a réalisé l'expérience décisive qui devait permettre de conclure sur ce point, les esprits étaient enfin prêts à examiner sérieusement celle-ci. En ce sens, nombreux sont ceux qui ont écrit que les travaux du physicien Danois sont arrivés au bon moment. L'expérience historique qu'il réalisa et qui a marqué la naissance de l'électromagnétisme date de 1820. Elle est encore présente dans les manuels de physique actuels.

Œrsted avait placé une aiguille aimantée parallèlement à un fil conducteur. C'est en faisant circuler un courant électrique dans le fil qu'il observa une déviation de l'aiguille aimantée. Précisons ici que les termes de « courant électrique » et d'« intensité » n'existaient pas encore à cette époque puisque André Marie Ampère ne les avait pas encore inventés !

Œrsted avait aussi constaté que lorsque l'on inversait le sens de branchement du fil sur la pile, autrement dit lorsque l'on inversait le sens du courant, la déviation de l'aiguille s'effectuait dans l'autre direction. Enfin, il avait noté que cette déviation était d'autant plus grande que la « puissance de l'appareil galvanique » – tel était le terme qu'il employait pour désigner l'intensité du courant – était importante.

Lorsque Œrsted publia ses résultats, certains de ses contemporains ne le prirent pas au sérieux, recherchant l'erreur qui permettrait d'expliquer le phénomène observé. Deux physiciens portèrent néanmoins un intérêt tout particulier à ses travaux : il s'agit d'Ampère et de François Dominique Arago dont les publications au cours des années 1820 et 1821 allaient être particulièrement nombreuses. Arago, déjà célèbre pour avoir prolongé la mesure du méridien Dunkerque Barcelone et pour ses travaux d'optique sur la polarisation, fut le premier à s'enthousiasmer. C'est lui qui sut éveiller l'intérêt d'Ampère, alors connu pour ses travaux de mathématique et de chimie.

Les deux savants se mirent au travail. Dès le 18 septembre 1820 Ampère s'aperçut que l'effet sur l'aiguille aimantée ne se limitait pas la rotation de cette dernière : le fil l'attirait aussi vers lui. Le 25 septembre, nouvelle publication : ayant eu l'idée de réaliser un enroulement serré de fil électrique de forme cylindrique, Ampère avait noté que la bobine ainsi réalisée se comportait comme un aimant avec un pôle nord et un pôle sud. Il s'était en outre aperçu que ces derniers s'échangeaient lorsque l'on inversait le sens de branchement de ce solénoïde (tel était le nom de cet enroulement de fil) aux bornes de la pile.

Le mois suivant, dans une communication transmise le 9 octobre à l'Académie des sciences, Ampère s'intéressa au cas de deux fils électriques parallèles, montrant que ces derniers se repoussent s'ils sont parcourus par des courants de même sens et s'attirent dans le cas contraire. Cette expérience revêt une importance particulière : quand il a fallut définir rigoureusement l'unité de mesure du courant électrique, l'Ampère fut présenté comme :

> l'intensité d'un courant électrique qui, maintenu constant dans deux conducteurs parallèles, rectilignes, de longueur infinie, de section circulaire négligeable et placés à une distance d'un mètre l'un de l'autre dans le vide, produit entre ces deux conducteurs une force égale à 2×10^{-7} newton (c'est-à-dire 200 milliardièmes de newton) par mètre de longueur.

C'est aussi à la suite de cette expérience qu'Ampère a créé deux néologismes pour que le vocabulaire permette désormais de distinguer l'*électrostatique*, où les charges étudiées restent confinés au même endroit, de l'*électrodynamique* où ces mêmes charges se déplacent et créent des courants électriques. Enfin le 16 octobre 1820, dans une communication réalisée avec Arago, Ampère a montré qu'il était désormais possible de fabriquer un aimant artificiel en plaçant un objet de fer doux à l'intérieur d'une hélice parcourue par un courant.

L'étude de la force magnétique, créée par le fil électrique de l'expérience d'Œrsted, mobilisa les esprits et ébranla de nombreuses certitudes. Newton avait fourni l'expression de l'interaction de gravitation et Coulomb celle de la force entre deux charges ponctuelles. Nombreux étaient ceux qui s'attendaient à ce que la force créée par le courant électrique présente les mêmes similitudes que ces dernières. Mais cela ne fut pas le cas. Car la force qu'une petite portion du fil exerce sur un pôle de l'aiguille aimanté n'est pas dirigée sur suivant la ligne qui relie la portion de fil et l'aiguille. Au contraire : elle lui est perpendiculaire. La communauté scientifique fut stupéfaite : à une époque où la mécanique céleste triomphait, il lui était difficile d'envisager un nouveau type de force que celle que Newton avait découverte.

Une véritable course entre Ampère et Jean-Baptiste Biot, disciple du célèbre Pierre Simon de Laplace, s'engagea pour le calcul de cette force. C'est Biot qui, en collaboration avec Félix Savart, fut le premier à calculer la force qu'exerce sur un aimant un fil infiniment long parcouru par un courant. Cette force est perpendiculaire à la direction du fil et à la droite normale au fil passant par le pôle magnétique sur lequel elle s'exerce.

En quelques mois on était ainsi parvenu non seulement à établir le lien entre phénomènes électriques et magnétiques mais aussi à définir les concepts de courant électrique, à construire des appareils de mesure (le premier galvanomètre date de 1821 et on le doit à Ampère), à aimanter le fer et à calculer les forces magnétiques.

Tout était allé très vite.

Mais la naissance de l'électromagnétisme n'en était qu'à ses débuts.

L'induction électromagnétique

Des phénomènes s'expliquant par l'induction électromagnétique avaient été observés par Ampère en 1822 et Arago en 1824 mais ces derniers n'étaient pas parvenus à expliquer leurs expériences. Sur ce point les travaux de Faraday en 1831 furent par contre décisifs.

Faraday avait constaté que lorsque l'on approche brusquement un aimant d'un solénoïde (c'est-à-dire d'un enroulement cylindrique de fil conducteur), il s'établit un courant dans le circuit du solénoïde. Si par la suite on éloigne cet aimant, il apparaît un courant de sens contraire. De plus, le courant qui parcourt le solénoïde disparaît dès que le mouvement de l'aimant cesse. Enfin, le sens du courant induit par le mouvement de l'aimant dépend du pôle que l'on approche. Plus précisément, lorsque l'on approche le pôle sud le courant s'établit de telle sorte qu'il apparaisse une face sud sur la bobine en regard de l'aimant. Tout se passe donc comme si le courant s'était opposé à l'effet magnétique que l'aimant faisait subir au solénoïde.

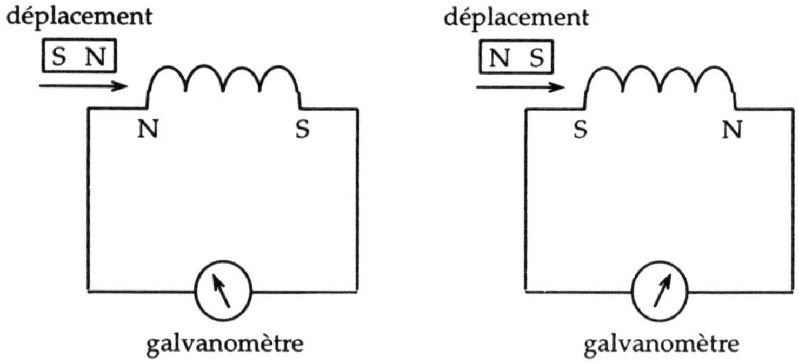

Cette expérience peut être renouvelée en remplaçant l'aimant par un solénoïde alimenté par un courant. Nous avons vu en effet qu'un solénoïde parcouru par un courant est analogue à un aimant puisque l'une de ses faces se comporte comme un pôle sud et l'autre comme un pôle nord.

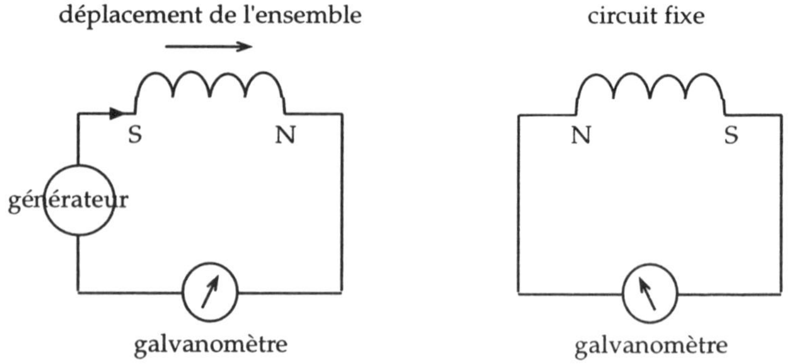

Mais les observations de Faraday ne se sont pas arrêtées là : contrairement à ce que les expériences précédentes pourraient le laisser croire, l'apparition d'un courant induit n'implique pas forcément le mouvement d'un circuit par rapport à un autre. Faraday plaça à proximité deux circuits comprenant chacun un solénoïde. Il s'aperçut que l'établissement d'un courant dans le premier solénoïde induit l'apparition d'un courant i dans le second. En outre, dès que le courant dans le circuit 1 atteint sa valeur constante, le courant dans le circuit 2 disparaît : c'est la variation du champ magnétique produit par le circuit 1 qui induit donc l'apparition d'un courant dans le circuit 2.

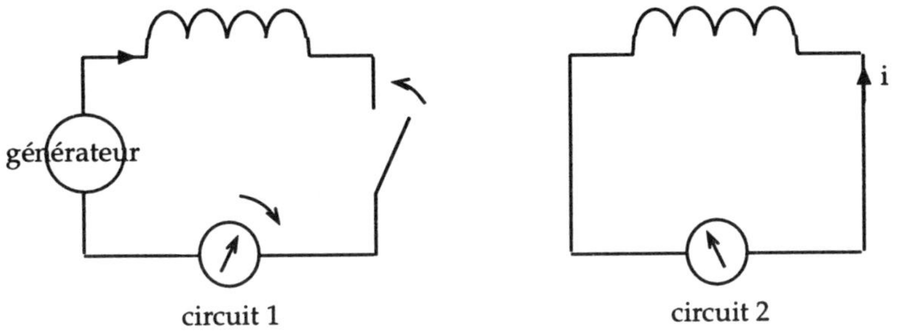

Faraday avait aussi noté qu'en coupant le courant dans le circuit 1, il apparaissait dans le circuit 2 un courant i'. Ce courant existe tant que l'intensité dans le circuit 1 n'était pas rigoureusement nulle. En outre, le sens de ce courant i' est opposé à celui de i.

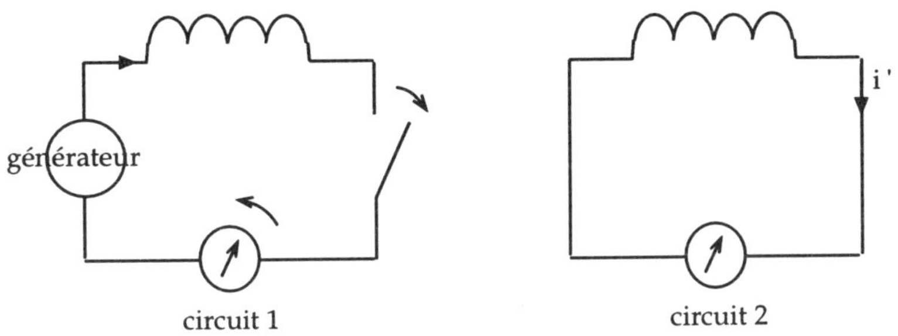

L'apparition d'un courant induit peut donc être observée dans deux cas : soit lorsque le circuit est en mouvement par rapport à un champ magnétique constant, soit lorsqu'il est fixe dans un champ variable. Pour être exact, nous devons préciser que la condition d'apparition d'un courant induit dans un circuit est la variation au cours du temps du flux du champ magnétique qui le traverse.

La définition rigoureuse du flux d'un vecteur impose l'utilisation de notations mathématiques qui n'ont pas leur place dans cet exposé. L'écoulement d'un fluide dans un tube permet toutefois d'illustrer physiquement ce que représente cette grandeur : le flux du vecteur vitesse d'écoulement à travers une section du tube représente en effet le débit volumique à travers celle-ci. Pour tout champ de vecteur utilisé en physique et pour toute surface, il est possible de calculer le flux du champ à travers celle-ci. Ainsi, nous retiendrons que le flux d'un champ magnétique est une grandeur homogène au produit d'un champ magnétique par une surface.

Les ingénieurs de l'époque ont mis peu de temps avant de percevoir les retombées techniques fantastiques que pouvaient avoir ces phénomènes d'induction que l'on venait de découvrir : les premiers moteurs électriques étaient désormais prêts à naître. Le principe de ces moteurs reposait sur le mouvement relatif d'une source de champ magnétique (aimant ou circuit) et du circuit dans lequel apparaît le courant induit.

C'est aux alentours de 1865 que les génératrices de courant continu prirent de l'importance. La première dynamo conçue par un menuisier belge, Zénobe Gramme, comprenait d'une part un circuit « inducteur », qui était constitué d'un aimant ou d'un électroaimant, et un « induit », formé d'un fil métallique enroulé sur un anneau de fer doux qui pouvait tourner dans l'entrefer de l'aimant.

La machine de Gramme permit, grâce aux phénomènes d'induction, de transformer de l'énergie mécanique en énergie électrique. Dans ce mode de fonctionnement la dynamo constituait une génératrice de courant. C'est en 1873, lors de l'exposition internationale d'électricité qui se tenait à Vienne, qu'une erreur de manipulation fit découvrir que le fonctionnement de cette machine était totalement réversible. Un ingénieur s'aperçut, en envoyant inopinément un courant dans la machine de Gramme, que l'induit de celle-ci se mettait à tourner : cette machine pouvait donc aussi fonctionner en mode récepteur et convertir l'énergie électrique en énergie mécanique. L'électricité pouvait donc être utilisée pour générer un mouvement…

Les premiers alternateurs, autrement dit les premiers appareils produisant du courant alternatif, apparurent simultanément aux États Unis et en Europe en 1885. Lorsque la direction du champ par rapport à la surface de l'induit varie périodiquement autour du temps – c'est le cas par exemple si l'aimant tourne à vitesse constante et présente alternativement face au circuit chacun de ses pôles – alors le flux varie lui aussi périodiquement. Dans ce cas, le courant qui parcourt le circuit est un courant alternatif. Le premier brevet fut déposé en 1888 par Nikola Tesla et c'est à partir de cette date que les alternateurs prirent toute leur ampleur à l'échelle industrielle. Ils possédaient pour la plupart un induit fixe, appelé stator, et un inducteur mobile, appelé rotor. L'inducteur était souvent entraîné par une machine à vapeur. Ainsi l'énergie thermique était-elle convertie par la machine à vapeur en énergie mécanique et cette énergie mécanique était à son tour convertie par l'alternateur en énergie électrique…

La théorie électromagnétique. L'œuvre de Maxwell et Hertz

Ce n'est que dans la deuxième moitié du XIXe siècle que l'Écossais Maxwell, dont nous avons déjà cité le nom au sujet de la thermodynamique statistique, a introduit les concepts de champ électrique et de champ magnétique qui nous sont aujourd'hui si familiers. En 1831 Faraday avait déjà approché cette notion lorsqu'il avait eu l'idée de saupoudrer de limaille de fer le voisinage d'un aimant. Dans une telle expérience chaque grain de limaille aimanté par influence s'oriente comme le ferait une minuscule aiguille aimantée. La disposition des grains de limailles, leur espacement ou leur concentration, mais aussi l'orientation qu'ils ont tendance à adopter, fournissent une cartographie de l'influence magnétique régnant en chaque point. Dans ses travaux, Faraday avait nommé ces tracés « courbes magnétiques » puis « lignes de forces ». Ce sont en fait, comme l'expliquera Maxwell, des « lignes de champ magnétique ».

La prouesse de Maxwell fut d'établir quatre équations qui non seulement résumaient toutes les connaissances dont on disposait alors en électromagnétisme mais allaient aussi permettre d'établir des résultats nouveaux.

Depuis les travaux de Faraday on savait qu'une variation du flux du champ magnétique était lié à l'apparition d'un courant dans un circuit fermé. La première équation de Maxwell, appelée souvent équation de Maxwell-Faraday, traduit le fait que toute variation temporelle de l'induction magnétique $\vec{B}$ entraîne l'apparition d'un champ électrique $\vec{E}$. Ce champ $\vec{E}$ capable de fournir du travail aux charges électriques d'un circuit fermé peut les mettre en mouvement, ce qui explique l'apparition d'un courant à l'intérieur du circuit. Ce champ électrique dû aux variations de l'induction magnétique est d'ailleurs parfois appelé « champ électromoteur induit ». Cette première équation de Maxwell est indépendante du milieu dans lequel on étudie le champ électromagnétique. Il en va de même de la deuxième équation qui traduit une propriété du flux de $\vec{B}$. Ainsi les deux premières équations de Maxwell portent sur la structure propre du champ électromagnétique.

La troisième équation, dite de Maxwell-Gauss, traduit au niveau local un résultat proposé par Carl Friedrich Gauss qui reliait le flux du déplacement électrique à travers une surface à la charge contenue dans cette surface. La quatrième équation appelée encore équation de Maxwell-Ampère relie les variations spatiales du champ magnétique, les variations temporelles du déplacement électrique et les courants électriques présents dans le milieu. Ces deux dernières équations relient donc le champ électromagnétique à ses sources, c'est-à-dire aux différentes charges fixes ou mobiles.

Mais les équations de Maxwell n'ont pas fait que synthétiser les connaissances dont on disposait alors. Leur résolution révéla que le champ électrique et le champ magnétique obéissaient tous deux à une équation analogue à l'équation de propagation d'une onde. Rappelons que c'est en 1747 que D'Alembert avait pour la première fois établi ce type d'équation lorsqu'il avait étudié la propagation d'un ébranlement sur une corde. Il s'agissait alors d'ondes mécaniques dont le support matériel était la corde sur laquelle elles se propageaient. D'autres ondes avaient été étudiées auparavant en physique. Les ondes sonores, sujet de base de l'acoustique, avaient notamment intéressé Galilée qui à la même époque que Marin Mersenne avait étudié le concept de fréquence. La théorie mathématisée des ondes sonores proposée par Newton n'avait été parachevée qu'au dix-huitième siècle par Euler, Lagrange et d'Alembert. Ces ondes avaient elles aussi un support matériel : c'est en effet une surpression se propageant dans l'air (ou tout autre milieu) qui constitue l'onde sonore. Le milieu matériel dans lequel se propageait les ondes électromagnétiques n'était pas clairement identifié à l'époque de Maxwell. Il était quelque peu mystérieux et avait été baptisé « éther ». Dans le chapitre relatif à la physique moderne, nous verrons comment on s'est aperçu par la suite que cet éther n'existe pas. Les ondes électromagnétiques se propagent en effet dans le vide.

L'équation de propagation de ces ondes permit à Maxwell de déterminer mathématiquement leur vitesse de propagation. Le physicien britannique parvint ainsi au résultat suivant : la célérité des ondes électromagnétiques est la même que celle de la lumière ! De son vivant, Maxwell ne put jamais vérifier expérimentalement ce qu'il avait découvert puisqu'on ne fut capable de produire et de capter des ondes électromagnétiques de grande longueur d'onde qu'en 1887, à la suite des travaux de l'Allemand Heinrich Rudolph Hertz. Maxwell avait néanmoins eu le génie d'extrapoler son résultat et d'affirmer que la lumière et les ondes électromagnétiques ne faisaient pas que partager la même vitesse de propagation. Comme l'écrit Louis de Broglie :

> [il avait eu] l'idée magnifique que la lumière est une perturbation électromagnétique et que toute la théorie de la lumière doit être contenue dans les équations de l'électromagnétisme.

L'optique devenait dès lors une branche de l'électromagnétisme...

Chapitre V

L'OPTIQUE

Science liée à la lumière, l'optique s'intéresse à la façon dont celle-ci véhicule diverses informations. Il s'agit non seulement de décrire la propagation des rayons lumineux, la formation des images, mais aussi de comprendre la nature même de la lumière et des couleurs.

Les origines

Comme en témoigne l'œuvre d'Aristote, les premières théories au sujet de la lumière assimilaient cette dernière au feu. Mais tous les physiciens grecs ne s'accordaient pas sur l'origine de ce feu. Les premiers, dont Leucippe de Milet, puis Épicure et Lucrèce, pensaient que la lumière était dans la nature même des objets. Cette théorie dite du « feu externe » supposait que les particules constituant la lumière possédaient les mêmes caractéristiques que les objets qui les avaient produites. L'autre théorie attribuait à l'œil un rôle actif puisqu'elle considérait que ce dernier émettait un « feu visuel » grâce auquel la vision était possible. C'est ce mode de raisonnement qu'utilisa le célèbre géomètre Euclide de l'École d'Alexandrie sans son *Optique* et sa *Catoptrique*. Enfin, une théorie mixte de la vision supposait que la perception des couleurs résultait d'une interaction réciproque du feu visuel et du feu externe.

Les Arabes aussi ont, par la suite, porté un grand intérêt à l'optique. Ils avaient traduit les textes grecs d'Aristote, Euclide et Ptolémée. Alhazen (965-1039) fut le premier qui cessa de mêler les concepts de vision et d'éclairement. Il affirma en effet qu'il existait une lumière indépendante des moyens de vision. C'était la fin de la théorie du rayon visuel. Alhazen eut aussi le mérite de préciser les lois de réflexion des miroirs non plans. C'est lui qui a montré que le rayon réfléchi et le rayon incident se trouvent dans le même plan que la normale au miroir.

Au fil de ces siècles, tandis que l'on cherchait à comprendre les phénomènes optiques, de nouveaux instruments apparaissaient peu à peu. L'homme s'aperçut bien vite que son image se reflétait sur les surfaces liquides et, dès l'Antiquité, il avait fabriqué des miroirs. Mais, s'il se pencha très tôt sur l'étude de la réflexion de la lumière, les phénomènes de réfraction, qui s'observent quand un rayon lumineux passe d'un milieu à un autre, ne l'intéressèrent pas tout de suite. Il fallut attendre 1285 pour que soient construites de façon empirique les premières lunettes de vue correctrices… Puis, au seizième siècle, ce fut le tour des premiers instruments grossissants. Les microscopes apparurent en 1591 et 1608 et nous avons vu comment les premières lunettes astronomiques inventées à cette même époque aux Pays Bas servirent dès 1610 à Galilée.

Le XVIIe siècle : Kepler, Descartes, Fermat

De nombreux historiens des sciences voient en Kepler l'un des initiateurs de l'optique géométrique. Il formula une loi de la réfraction valable pour les petits angles. Il s'était en effet aperçu qu'à la traversée de la frontière séparant deux milieux, le rapport de l'angle d'incidence sur l'angle de réfraction était constant. En notant *i* l'angle séparant le rayon incident et la normale au dioptre, et *r* celui séparant le rayon réfracté et la normale il avait noté que « $i = n \times r$ ».

Cette étude est particulièrement intéressante lorsque l'un des deux milieux était l'air et l'autre le verre : le rayon a tendance à se rapprocher de la normale dès qu'il se propage dans le verre. Lorsque la surface du verre revêt une forme sphérique, il s'agit d'un dioptre sphérique air-verre et l'association de deux dioptres sphériques ou d'un dioptre sphérique avec un dioptre plan, forme ce que l'on appelle une lentille.

Kepler parvint ainsi à expliquer la propagation de la lumière à travers les lentilles, que celles-ci soient convergentes ou divergentes. Mais sa contribution ne s'arrêta pas là. Il comprit que le phénomène de la vision résultait de la formation d'une image sur la rétine et que celle-ci se formait à l'envers sur cette membrane réceptrice. Ainsi, trois siècles après la construction de la première paire de lunettes correctrice, était-on désormais capable de comprendre comment celles-ci agissaient.

Après Kepler plusieurs hommes se sont intéressés à la réfraction. Ils cherchaient une loi dont le domaine de validité ne se limitait pas aux petits angles. Thomas Harriot en 1598, Snell en 1625 et Descartes en 1637 comprirent que c'était le rapport des sinus des angles d'incidence i, et de réfraction r, qui était constant pour un dioptre donné. Ainsi, $\frac{\sin i}{\sin r} = \frac{n_r}{n_i}$ où n_i et n_r sont des constantes appelées « indices » et qui sont respectivement l'indice du milieu d'où provient le rayon et à celui dans lequel il se réfracte. Cette loi est connue sous le nom de loi de Snell-Descartes. Elle fut publiée par Descartes dans sa dioptrique en 1637. Dans cet ouvrage, il y rappelait aussi un résultat connu depuis les Arabes, à savoir que lors d'une réflexion, le rayon réfléchi et le rayon incident se trouvent dans le même plan que la normale au miroir. Il mentionnait enfin le fait, connu depuis Héron d'Alexandrie, que l'angle d'incidence et l'angle de réflexion étaient égaux. Ces résultats constituent aujourd'hui la première loi de Descartes relative à la réflexion, tandis que la loi de Snell-Descartes est aussi appelée seconde loi de Descartes relative à la réfraction.

Nous devons préciser que la démonstration que Descartes utilisa pour prouver la loi de la réfraction était fortement critiquable. Parmi ses détracteurs, le Toulousain Pierre de Fermat s'est employé à redémontrer ce résultat. En 1662 il posa en principe que « la nature agit toujours par les voies les plus courtes ». Ainsi, d'après Fermat, la lumière suit forcément le trajet qui correspond au temps de parcours minimal. Notons que cette assertion est pleine de présupposés : elle implique notamment que la propagation de la lumière ne s'effectue pas instantanément, contrairement à ce qu'avait tendance à le croire Descartes. Elle suppose aussi que cette vitesse de propagation dépend du milieu matériel (si c note la célérité de la lumière dans le vide, alors c/n est la valeur de cette célérité dans un milieu d'indice n). Fermat écrivit lui-même :

> J'ai trouvé que ce principe donnait justement et précisément la même proportion des réfractions que celle que Monsieur Descartes à établie.

Une fois admis, son principe permettait donc de démontrer rigoureusement les lois de la réfraction.

Ce n'est qu'en 1676 qu'une expérience permit de mesurer la vitesse de la lumière et de prouver que Fermat avait raison en affirmant que la célérité de la lumière n'était pas infinie. Ainsi, vingt-six ans après la mort de Descartes, et onze après celle de Fermat, l'astronome Römer allait prouver que le rayon lumineux ne parvient pas instantanément du corps lumineux à l'œil. Pour évaluer la vitesse de la lumière dans le vide, Römer s'était intéressé aux éclipses des satellites de Jupiter. Il avait mesuré l'intervalle de temps qui séparait ces dernières. Il avait constaté que les durées en question diminuaient d'une éclipse à l'autre si la Terre se rapprochait de Jupiter, et augmentaient dans le cas contraire. Il parvint à déduire de ces mesures une première approximation de la vitesse de la lumière : 214 000 kilomètres par seconde. L'erreur entre cette estimation et la valeur réelle est d'environ 30 % puisque la vitesse de la lumière dans le vide est de 299 792 458 mètres par seconde. L'expérience de Römer eut donc pour principal intérêt de démontrer la nature finie de la vitesse de la lumière. Elle ne permettait malheureusement pas d'étudier l'influence du milieu sur la vitesse de propagation. Or sur ce point les opinions aussi divergeaient. Rares étaient ceux qui à l'instar de Fermat pensaient que plus le milieu est dense, plus la lumière s'y propage lentement. Et ce n'est qu'au dix-neuvième siècle que Fizeau puis Foucault en apporteront la preuve expérimentale.

Les physiciens du dix septième siècle n'ont pas manqué de s'interroger sur la nature de la lumière. Les expériences de décomposition de la lumière blanche par des prismes étaient connues et en laissaient plus d'un perplexe. Nous verrons au paragraphe suivant quelles réponses ont été successivement apportées pour décrire ce qu'était la couleur. Nous savons depuis Maxwell que la lumière est une onde électromagnétique et depuis le début du vingtième siècle que ces ondes n'ont pas besoin d'un support matériel pour se propager. Cela n'est pas intuitivement évident et le concept d'onde lumineuse a mis du temps avant de s'imposer. Ainsi Descartes assimilait-il la lumière à une pression qui se propageait instantanément.

C'est pourtant au cours de ce dix-septième siècle que l'hypothèse ondulatoire de la lumière commença à germer. La physique ondulatoire n'en était qu'à ses prémices. D'Alembert n'était pas encore né et ses travaux sur l'équation d'onde (qu'il allait établir grâce à l'étude de la corde vibrante) ne seraient diffusés qu'un siècle plus tard. Mais l'étude des ondes acoustiques avait mobilisé les plus grands esprits de l'époque. Aussi en 1700 les concepts de fréquence et de période étaient-ils parfaitement maîtrisés. Il est important de souligner qu'alors que la théorie ondulatoire de la lumière laissait de nombreux physiciens sceptiques, le concept d'onde sonore fut relativement bien accepté. Certes, elle eut quelques détracteurs tels Pierre Gassend, dit Gassendi, qui croyait que le son était un jet d'atomes que produisait l'objet sonore. Mais de façon générale, la plupart des physiciens admirent assez facilement la théorie ondulatoire dans ce domaine.

C'est en 1690 que le Hollandais Hans Christiaan Huygens a réuni pour la première fois dans un seul et même ouvrage l'étude des phénomènes sonores et des phénomènes lumineux. La théorie ondulatoire lui permit d'ailleurs de justifier le phénomène de diffraction lumineuse qui avait été découvert de façon fortuite en 1665.

Pour justifier la propagation des ondes lumineuses Huygens imagina un principe selon lequel chaque point atteint par la lumière à un instant donné pouvait être considéré comme une source secondaire d'ondelettes sphériques. Au dix-neuvième siècle, Augustin Fresnel complétera ce principe en précisant la notion de source secondaire et en ajoutant que ces ondelettes interfèrent les unes avec les autres. Le principe d'Huygens-Fresnel sert encore aujourd'hui de base pour l'étude des problèmes de diffraction.

Lumière et couleurs

Le problème de la couleur, intimement lié à celui de la nature de la lumière, a lui aussi passionné les esprits. Newton, ayant constaté la possibilité de séparer la lumière blanche en composantes colorées, crut pouvoir conclure que les couleurs préexistaient déjà dans celle-ci. Il envisagea l'existence de grains de lumière dont la taille expliquait les couleurs. Ainsi, pour justifier qu'un prisme déviât davantage les radiations violettes que les radiations rouges avait-il imaginé que les grains violets étaient plus petits, donc plus mobiles que les rouges. À cette époque les problèmes d'aberration chromatiques des lentilles n'étaient pas résolus : ces dernières ne possédaient pas la même distance focale pour toutes les radiations colorées. La théorie de Newton excluait totalement qu'il soit possible d'éliminer ce défaut et de réaliser des lentilles achromatiques. Newton s'est employé à réaliser un nouveau type de télescope dépourvu de lentilles. C'est ainsi qu'il a construit en 1672 un télescope à miroirs paraboliques.

Newton pensait que les grains de lumière subissaient des actions à distance répulsives lors des phénomènes de réflexion et attractives lors de la réfraction. Il affirmait ainsi que ces corpuscules se déplaçaient d'autant plus rapidement que le milieu était plus réfringent. Ainsi, d'après lui, la lumière devait progresser plus vite dans le verre que dans l'air.

Ces travaux de Newton en optique doivent être analysés au vu de ceux qu'il mena en mécanique où la notion de force à distance avait été tellement efficace. Mais l'optique de Newton, si elle eut un certain nombre de partisans dont notamment Étienne Louis Malus puis Jean-Baptiste Biot, fut controversée dès le dix-neuvième siècle. Newton lui même eut un regard relativement prudent sur la théorie corpusculaire qu'il proposait. Il avait étudié les propriétés des anneaux irisés formés à la traversée d'une fine lame d'air contenue entre une lentille convexe et une plaque de verre et il avait remarqué la périodicité de ces anneaux (appelés depuis anneaux de Newton). Cette observation lui fit envisager une théorie mixte dans laquelle les grains de lumière créent un phénomène ondulatoire.

Par la suite, les travaux d'optique sur la diffraction, les interférences et la polarisation ont peu à peu corroboré l'hypothèse ondulatoire de la lumière. C'est Thomas Young qui au dix-neuvième siècle fut le premier à réhabiliter les théories d'Huygens et à critiquer Newton. Ce physicien anglais, qui était aussi médecin, s'était tout particulièrement intéressé à la physiologie de la vision. C'est lui qui sut expliquer le phénomène d'accommodation visuelle et la perception des couleurs par l'existence de trois types de récepteurs sur la rétine. Il fut en outre celui qui réalisa le premier système interférentiel entre deux faisceaux issu de deux sources. Pour réaliser ces interférences, il faut que les faisceaux provenant des deux sources soient cohérents. Cela est vérifié s'ils sont issus de la même source lumineuse et si celle-ci est monochromatique et de petite taille. Young eut l'idée d'éclairer à l'aide d'une telle source lumineuse un écran opaque percé de deux trous, eux-mêmes quasi-ponctuels.

Ce dispositif, appelé depuis dispositif des trous d'Young, permit à ce dernier d'observer sur l'écran non pas deux taches lumineuses en I_1 et I_2, mais des franges brillantes alternant avec des franges sombres sur toute la zone où les deux faisceaux se rencontraient.

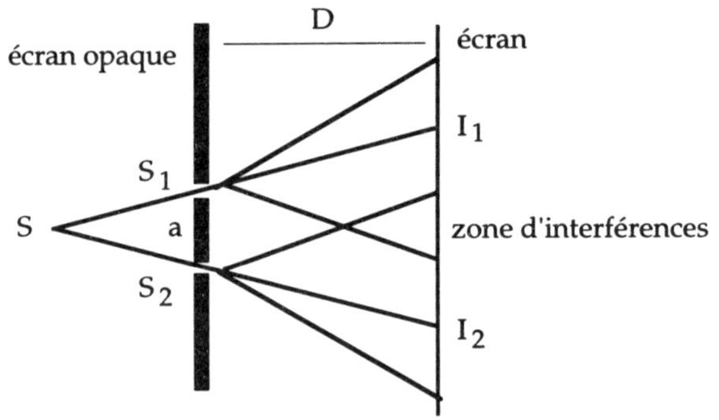

Cette expérience revêt une grande importance : seule la théorie ondulatoire permet d'expliquer que deux faisceaux de lumière puissent s'annuler en se superposant. Les franges sombres de la figure d'interférence correspondent en effet au lieu où les deux ondes qui se superposent sont en opposition de phase (l'amplitude de la première étant opposée à celle de la seconde). Enfin, une telle expérience permet d'accéder expérimentalement à une grandeur qui caractérise l'onde lumineuse. On constate en effet que l'interfrange i, c'est-à-dire la distance séparant une frange lumineuse d'une frange noire, est proportionnelle à la longueur d'onde λ de la source utilisée : $i = \frac{\lambda D}{a}$ ($a = S_1S_2$), grandeur purement ondulatoire.

Rappelons que la longueur d'onde représente la distance que l'onde parcourt entre deux oscillations et que la fréquence est le nombre d'oscillations qu'elle effectue pendant l'unité de temps. C'est de la fréquence ou de la longueur d'onde que dépend la sensation visuelle que nous avons baptisée couleur. Ce qui fait la couleur, c'est la sensibilité de notre œil qui perçoit les ondes électromagnétiques dont la longueur d'onde est comprise entre 400 nanomètres (c'est-à-dire 40 millionièmes de centimètres), qui est une radiation violette, et 770 nanomètres, qui correspond au rouge. Cet intervalle délimite le domaine de la lumière visible. En outre, il n'est pas nécessaire de faire appel à des particules colorées pour justifier la dispersion de la lumière blanche à la traversée d'un prisme. En effet, la lumière naturelle résulte de la superposition d'un grand nombre d'ondes monochromatiques. Si les faisceaux lumineux correspondant à chacune d'entre elles ne sont pas tous déviés de la même façon, c'est parce que l'indice du verre dans lequel le prisme est taillé dépend de la longueur d'onde.

Le triomphe de l'optique ondulatoire : Fresnel

Plus de cent ans après les travaux d'Huygens, ceux d'Young avaient permis d'imposer le modèle ondulatoire. Mais c'est au Français Augustin Fresnel que l'on doit la diffusion de ce dernier et sa reconnaissance universelle.

Entre 1815 et 1819, Fresnel reprit de façon plus ordonnée la théorie des ondelettes secondaires qu'avait déjà proposée Huygens et parvint à ramener le phénomène de diffraction à un problème d'interférences entre ces ondes. Dès cette époque, il considérait la lumière comme une vibration sinusoïdale. Il affirmait aussi que l'amplitude et la phase de l'ondelette secondaire émise par l'obstacle diffractant étaient la même que celle de l'onde lumineuse initiale. Lorsqu'en 1818 il présenta devant Laplace, Biot, Poisson, Arago et Gay-Lussac à l'Académie des Sciences ses travaux sur la diffraction, il avait devant lui un jury dont trois des cinq membres étaient réticents face à la théorie ondulatoire. Il parvint néanmoins à les impressionner et remporter le prix.

L'opinion de Fresnel au sujet de l'onde lumineuse a évolué au cours de sa carrière. Jusqu'en 1821 il a cru que celle-ci était une vibration longitudinale c'est-à-dire qu'elle constituait un ébranlement de l'éther dirigé dans le sens de propagation de l'onde. Cette conception s'explique par les analogies qui ont souvent été faites entre la propagation lumineuse et la propagation sonore. Mais dès 1816 il s'était heurté à l'impossibilité d'expliquer par cette théorie la non interférence de deux faisceaux pourtant issus d'une même source. Les rayons concernés étaient ceux qui émergeaient d'un cristal de spath. Un tel cristal est biréfringent : lorsqu'il est éclairé par un rayon incident, il émerge non seulement un premier rayon (appelé rayon ordinaire) dont la trajectoire est celle du rayon émergent prévu par l'optique géométrique, mais aussi un second rayon (appelé rayon extraordinaire) qui est parallèle au premier. Le fait que les rayons ordinaire et extraordinaire ne fournissent pas d'interférences a conduit Fresnel à abandonner la théorie des vibrations longitudinales. Il conclut que le vecteur véhiculant l'onde lumineuse (on ne savait pas encore qu'il s'agissait du champ électromagnétique) était traverse par rapport à la direction de propagation. Ainsi, c'est parce que la polarisation du champ, c'est-à-dire sa direction dans le plan transverse, n'est pas la même pour le rayon ordinaire et pour le rayon extraordinaire que ces derniers ne peuvent interférer.

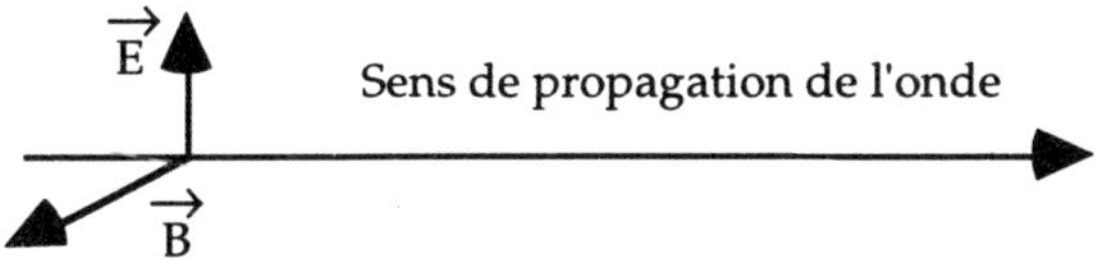

Fresnel estimait que le caractère transversal des ondes lumineuses impliquait que l'éther, ce milieu dans lequel elles étaient censées se propager, possédât les propriétés de l'état solide. Mais dans cette optique, il était difficile d'imaginer que ce milieu n'entravât pas le mouvement des corps... On s'interrogeait d'ailleurs beaucoup sur son mouvement : suivait-il la Terre dans sa rotation ou était-il absolument immobile ? Depuis 1728 et les observations de l'astronome anglais James Bradley on savait que la position d'une étoile pouvait différer suivant l'époque de l'année où elle était observée. Ce déplacement apparent, connu sous le nom d'aberration stellaire, n'existerait pas si la Terre dans son mouvement entraînait avec elle le milieu dans lequel se propagent les ondes lumineuses. À la fin de sa vie, Fresnel avait d'ailleurs exclu cette éventualité. Tout au plus évoquait-il un entraînement partiel et très limité de l'éther par la Terre.

On sait depuis 1864 et les travaux de Maxwell que la lumière que nous qualifions de visible est une onde électromagnétique et l'on connaît les équations qui permettent de prévoir le comportement de cette onde dans différents milieux. Le domaine de sensibilité de l'œil humain est limité aux longueurs d'ondes comprises entre 400 nanomètres et 770 nanomètres. Mais les infrarouges, découverts en 1800 par Herschel dont la longueur d'onde est comprise entre 770 nm et 1 mm, ont le même comportement que les ondes visibles. Et en deçà de 400 nm se trouve le domaine des ultraviolets, découvert par Ritter en 1801. Les ondes électromagnétiques produites par Hertz en 1888 avaient une longueur d'onde de 60 cm : il s'agissait de micro-ondes...Il faudra attendre 1895 pour découvrir les rayons X, ces ondes électromagnétiques de longueur d'onde inférieure au nanomètre. Ce sera aussi à cette époque où l'on croyait tout savoir sur la lumière que de nouvelles questions ont ébranlé trente ans de certitudes.

Chapitre VI

LE VINGTIÈME SIÈCLE

À la fin du dix-neuvième siècle les grands domaines de la physique semblaient tous maîtrisés : le dix-septième siècle avait vu se construire la mécanique qui avait triomphé au dix-huitième ; quant au dix-neuvième siècle, il avait été celui de la thermodynamique, de l'optique ondulatoire et de l'électromagnétisme. La physique se sentait alors très puissante. En 1895, il était admis que la lumière était une onde électromagnétique, qu'il était toujours possible de calculer la trajectoire d'une particule si l'on connaissait les forces s'appliquant sur celle-ci, et que le temps était absolu. C'est entre 1890 et 1920 que ces certitudes furent remises en cause et que la physique connut deux révolutions…

Atomes, quanta, mécanique quantique

Au début du vingtième siècle, la théorie ondulatoire de la lumière issue des travaux des physiciens du siècle précédent a l'aval de la communauté scientifique. Grâce à elle on peut comprendre et analyser les phénomènes d'interférence, de diffraction et de polarisation. Elle permet aussi d'inclure dans une seule et même théorie les ondes radios, infrarouges, ultraviolettes.

Pourtant, deux faits expérimentaux inexplicables dans le cadre de cette théorie vont faire vaciller le bel édifice que celle-ci constituait : il s'agit du spectre de rayonnement du corps noir et de l'effet photoélectrique. Avant d'évoquer ces deux points nous insisterons sur le fait qu'à cette même époque se déroulait l'aventure atomique qui elle-même débuta par la découverte de l'électron.

La théorie selon laquelle la matière est formée d'atomes fut développée dès le dix-neuvième siècle par les chimistes. Parmi ces derniers, John Dalton fut le premier à supposer que deux éléments chimiques différents correspondaient à des atomes de masses différentes. Le problème était alors de savoir si ces atomes constituaient l'état ultime de division de la matière. Dans la deuxième moitié du dix-neuvième siècle, l'étude des décharges électriques dans les gaz raréfiés avait mobilisé à la suite de Julius Plücker de nombreux physiciens. En 1886 sir William Crookes avait notablement perfectionné les tubes à décharges et en 1895 Jean Perrin identifiait les rayons émis (rayons cathodique) comme un ensemble de corpuscules chargées négativement. Ces charges négatives étaient déjà connues : depuis les travaux de Michael Faraday sur l'électrolyse, les chimistes du dix-neuvième siècle avaient étudié la charge des espèces se trouvant en solution aqueuse et constaté que celle-ci était multiple d'une charge élémentaire. C'est en 1891 que George Stoney avait baptisé « électron » la particule portant l'opposé de cette charge. Dès 1897, sir Joseph Thomson en étudiait la trajectoire dans un champ magnétique et parvenait ainsi à mesurer le rapport de leur charge à leur masse.

La matière est globalement neutre. Si l'atome comprend des électrons négatifs, le problème est de savoir sous quelle forme se trouvent les charges positives. Thomson pensait que les électrons évoluaient dans un milieu uniformément chargé positivement. Lord Ernest Rutherford montre qu'il n'en est rien. Il étudie le comportement d'un faisceau de particules α (hélium ionisé) bombardées sur une mince feuille d'or. Il constate que les particules sont déviées, ce qui ne s'explique que si les charges positives de l'atome sont confinées dans un très petit volume dont les dimensions transversales sont environ 10 000 fois plus petites que celles de l'atome : il s'agit du noyau atomique. Quelques années plus tard, Rutherford s'intéresse aux transformations du noyau. Avec le jeune Anglais Frederick Soddy, il comprend que les transformations radioactives correspondent à des transmutations nucléaires.

Les phénomènes liés à la radioactivité ont passionné le public. Aujourd'hui encore ce chapitre de l'histoire de la physique, dont la famille Curie occupe de grandes pages fait partie des mieux connus du public. En 1895 déjà, les travaux sur l'électron que nous venons d'évoquer étaient quelque peu éclipsés par la découverte stupéfiante et très médiatisée de l'Allemand Wilhelm Conrad Röntgen qui, le 8 novembre, annonça une « nouvelle sorte de rayons » auxquels les objets étaient plus ou moins transparents. Deux ans après la découverte de ces rayons, que l'on appelait rayons X, les hasards de la météorologie ont permis à Henri Becquerel d'observer un nouveau fait troublant. On connaissait la fluorescence des sels d'uranium exposés à la lumière. Mais Becquerel s'aperçut que, même dans l'obscurité, ces derniers émettaient des rayons qui impressionnaient encore les plaques photographiques sur lesquelles on les posait. Parmi les physiciens qui se sont intéressés au sujet Marie Sklodowska, qui en 1895 avait épousé Pierre Curie, disposait d'un instrument de précision : l'électromètre piézo-électrique mis au point par son mari. C'est elle qui inventa le terme de radioactivité. En 1898, Marie Curie mit ainsi en évidence la radioactivité du thorium, puis les époux Curie isolèrent un élément encore plus radioactif que l'uranium qu'ils baptisèrent polonium en hommage au pays dont Marie était originaire. Enfin, la même année ils mirent en évidence le radium, élément mille fois plus radioactif que l'uranium. La personnalité remarquable des époux Curie, exemple type de chercheurs désintéressés et guidés par leur passion commune, a fait d'eux un véritable mythe. Ces pionniers de l'aventure atomique reçurent avec Becquerel le prix Nobel en 1903.

Ainsi en 1900 la plupart des physiciens admettent que la matière est discontinue, puisque c'est un assemblage d'atomes, eux même constitués d'électrons gravitant dans le vide autour d'un noyau, et que la lumière est continue puisqu'il s'agit d'une onde. Dès lors, comment expliquer les interactions lumière-matière qui s'observent couramment ?

L'un des deux faits expérimentaux qui pose particulièrement problème concerne l'effet photoélectrique. Depuis 1888 on sait qu'en éclairant une plaque de zinc par une lampe à vapeur de mercure il est possible de lui arracher des particules chargées. Philipp Lenard les a identifiées en 1899 comme étant des électrons. Cette émission, dite photoélectrique, ne s'observe que lorsque la fréquence des rayonnements utilisés est suffisamment grande : ce sont les ultraviolets de la lampe au mercure qui permettent d'arracher les électrons au métal et il existe une fréquence seuil en dessous de laquelle, quelle que soit la puissance du rayonnement utilisé, il est impossible d'observer l'effet photoélectrique. La physique classique et les théories de Maxwell ne permettent pas d'expliquer ce point.

Le deuxième problème concerne le spectre de la lumière émis par des corps chauds. L'expérience montre que la couleur d'un métal chauffé, autrement dit le rayonnement thermique qu'il émet, dépend de la température à laquelle on le porte. Tant que le corps émet dans l'infrarouge, nous ne percevons pas de variation de sa couleur, puis au fur et à mesure que sa température augmente nous le voyons rougir, puis devenir orange. Lorsqu'il blanchit finalement, c'est parce que toutes les radiations du spectre visible se superposent. En 1895, l'étude du rayonnement thermique porte essentiellement sur le corps noir, modèle de corps qui absorbe toute l'énergie rayonnante qu'il reçoit. Cette année là, Wilhelm Wien montre qu'une enceinte isolée, maintenue à température constante et fermée à l'exception d'une petite ouverture, constitue une bonne approximation de corps noir. Le problème est désormais de relier, pour une température donnée, la densité d'énergie rayonnante dans l'enceinte à la température et à la fréquence. Les formules auxquelles la théorie classique permet d'aboutir conviennent uniquement pour les grandes longueurs d'ondes : elles donnent des résultats aberrants pour l'ultraviolet et en deçà. « Catastrophe ultraviolette », tel est le nom que le physicien Paul Ehrenfest donnera à ce problème sur lequel bute la physique classique.

L'Allemand Max Planck tente de résoudre le problème du corps noir. Il utilise la statistique de Boltzmann. Pour que la formule à laquelle il aboutit soit en accord avec l'expérience, il introduit une constante h (constante de Planck) dont la dimension est celle du produit d'une énergie par un temps. Le trait de génie de Planck est d'interpréter ce qui au départ ne semble constituer qu'un simple artifice de calcul. Planck a en en effet compris que les échanges d'énergie entre la matière (dont nous avons rappelé le caractère discontinu) et l'onde électromagnétique de fréquence ν, s'effectuent par paquets d'énergie (ou quanta d'énergie), de valeur $h \times \nu$. Ce concept est révolutionnaire puisque jusqu'alors on pensait que les échanges d'énergie pouvaient a priori prendre n'importe quelle valeur : « Natura non facit saltus » (la nature ne fait pas de saut), comme l'écrivait Leibniz, et comme l'on cru les scientifiques jusqu'en 1900, année où Planck remet tout en cause en faisant apparaître cette quantification.

Entre 1900 et 1905 les idées de Planck se répandent au sein de la communauté scientifique. Pour autant, le second problème, celui relatif à l'effet photoélectrique, n'est toujours pas résolu. C'est un jeune expert de vingt-six ans travaillant à l'office des brevets de Berne qui va y parvenir. Ayant abandonné ses études secondaires allemandes qu'il jugeait inadaptées et insupportables, il avait émigré en Suisse et intégré l'École Polytechnique de Zurich. Cet homme, figure désormais emblématique de la science moderne, a toujours été conscient de ce que la physique du vingtième siècle devait à Planck. C'est dans un article publié en mars 1905 que le jeune Albert Einstein interprète l'effet photoélectrique. Il postule l'existence, dans un rayonnement de fréquence ν, de grains de lumière (le terme de photon n'apparaîtra que plus tard) transportant chacun l'énergie $E = h\nu$ (*h* étant la constante de Planck dont la valeur est aujourd'hui évaluée à $6{,}6260755 \times 10^{-34}$ J.s ; c'est l'une des constantes fondamentales de notre monde). Ainsi, c'est parce qu'un photon associé à une radiation ultraviolette a une plus grande énergie qu'un photon correspondant à une radiation visible qu'il pourra arracher les électrons du métal. Seule une théorie corpusculaire semble donc capable d'expliquer l'effet photoélectrique.

La question est alors la suivante : comment la lumière peut-elle être simultanément une onde et un ensemble de particules qui se déplacent ? Si la lumière est une onde, son domaine d'étude est celui de la physique ondulatoire et plus particulièrement de l'électromagnétisme. Si c'est un ensemble de photons en mouvement, son analyse relève plutôt de la mécanique. Ces deux théories semblent s'exclure mutuellement et être incompatibles. Le débat sur ce sujet divise et passionne immédiatement la communauté scientifique. « À cette époque là, la lumière était une onde les lundis, mercredis et vendredis, et un ensemble de particules les mardis, jeudis et samedis. Il restait le dimanche pour réfléchir à la question ! » comme l'a si bien analysé le physicien et prix Nobel Richard Feynman.

Einstein lui-même pensait dès 1905 qu'il n'y avait pas lieu de dresser une frontière immuable entre les domaines ondulatoires et corpusculaires. Louis de Broglie s'est employé à le montrer. Convaincu que la dualité onde-corpuscule ne se limitait pas à la lumière, cet aristocrate Français propose dès 1923 de généraliser celle-ci à la matière dans son ensemble : à tout corpuscule il associe ainsi une onde de matière dont la longueur d'onde λ est telle que $\lambda = \frac{h}{p}$ (aux vitesses très inférieures à la vitesse de la lumière, *p* est égal au produit de la masse du corpuscule par sa vitesse). Ainsi, la longueur d'onde d'un électron accéléré sous une tension de 1 000 Volts vaut 4×10^{-11} mètres. Celle d'une personne de 50 kg se déplaçant à 3 km/h est seulement de 10^{-35} mètres.

La confirmation expérimentale des théories de Louis de Broglie ne se fait pas attendre : dès 1927, les Américains Clinton J. Davisson et Lester H. Germer d'une part, et le Britannique Thomson d'autre part, parviennent à faire interférer des faisceaux d'électrons comme interfèreraient des faisceaux de lumière. Cette expérience vient à point pour légitimer les travaux de Louis de Broglie, et ce dernier reçoit le prix Nobel deux ans plus tard pour la découverte de la nature ondulatoire de l'électron. Mais de Broglie comprend très vite que sa théorie ne constitue qu'une étape...Le comportement ondulatoire de la matière, tout comme la quantification de l'énergie (qui figure aussi dans le modèle atomique proposé par Niels Bohr en 1913) doivent apparaître comme des conséquences de la théorie. Or ce n'est pas le cas dans le cadre des théories classiques.

C'est pour répondre aux nombreuses questions que nous venons d'évoquer, qu'entre 1924 et 1925 est née une nouvelle physique qui allait ébranler violemment les thèses déterministes. La physique quantique a vu le jour grâce aux travaux menés à l'école de Copenhague par Niels Bohr, Werner Karl Heisenberg et Pascual Jordan, au Royaume Uni par Paul Dirac et en Allemagne par Max Born, Erwin Schrödinger et Wolfgang Pauli (ce dernier travailla aussi avec Bohr à Copenhague).

Cette théorie dépasse l'apparente opposition entre les concepts d'onde et de particule. Elle montre que si les dimensions du problème étudié sont du même ordre que la longueur d'onde de la particule, alors on n'a plus le droit d'utiliser le concept de trajectoire.

Le fait que la notion de trajectoire n'ait aucun sens en physique quantique peut surprendre. Et pourtant il est impossible de savoir exactement où se trouve un électron à l'intérieur de l'atome : tout au plus peut-on dire qu'il est dans une certaine région. C'est une conséquence de l'une des deux relations d'incertitude qu'Heisenberg transcrivit en 1927 : on ne connaîtra jamais avec une précision absolue la vitesse et la position d'une particule. La constante de Planck joue un rôle majeur dans ces relations. Si Δp note la précision avec laquelle on connaît la quantité de mouvement du corps étudié et Δr celle avec laquelle on connaît sa position alors $\Delta p \times \Delta r \geq \frac{h}{2\pi}$.

Ce que l'on gagne en précision sur la connaissance de la position, on le perd sur la connaissance des vitesses et réciproquement.

Ainsi, si l'on connaît la vitesse de l'électron dans l'atome avec une précision de 1cm/seconde, alors sa position n'est connue qu'à 10 centimètres près... Autant dire qu'on ne sait absolument pas où il se trouve à l'intérieur de l'atome. Notons que fort heureusement pour nous, l'ordre de grandeur de h est très faible. Ceci explique que les effets quantiques ne se manifestent pas à notre échelle : quelle que soit notre vitesse, il est toujours possible de savoir où nous nous trouvons. Si l'on voulait connaître la position d'un individu de 50 kg marchant à 3km/heure à un milliardième de nanomètre près, l'incertitude sur la vitesse de ce dernier ne serait que de quelques milliardièmes de nanomètres par seconde, ce qui est indétectable. Si la valeur de h était tout autre – comme s'amusa à l'imaginer le physicien George Gamow dans un de ses ouvrages de vulgarisation humoristique – nous serions nous-même soumis aux relations d'incertitudes de Heisenberg, et serions susceptibles de nous trouver « délocalisés » en plusieurs endroits au même moment.

Comme la notion de trajectoire n'est pas utilisable au niveau quantique, il a fallu introduire de nouveaux outils mathématiques pour étudier les particules. La notion de probabilité de présence joue un grand rôle en mécanique quantique où les corps étudiés s'identifient désormais à la fonction d'onde qui leur est associée. Et de même que pour calculer la trajectoire d'un corps en physique classique il fallait résoudre les équations fournies par la deuxième loi de Newton, pour calculer l'onde de probabilité associée à la particule il faut résoudre une équation. Celle-ci fut proposée par Schrödinger en 1926 et porte aujourd'hui son nom. La résolution de l'équation de Schrödinger permet, entre autres, de retrouver la quantification de l'énergie de l'électron à l'intérieur de l'atome...

Vitesse de la lumière et Relativité

Nous avons vu comment, au prix d'une révolution scientifique, la première zone d'ombre qui planait sur la physique du dix-neuvième siècle s'est éclaircie. Mais alors que la mécanique quantique bousculait plusieurs siècles de certitudes et fascinait les philosophes des sciences, naissait dans l'esprit d'Einstein une autre théorie, tout aussi révolutionnaire que la précédente.

En 1900 la théorie ondulatoire de la lumière s'insérait parfaitement dans le cadre de la théorie électromagnétique de Maxwell, tandis que les lois de Newton permettaient d'expliquer le mouvement des corps matériels. Or ces deux théories semblaient très difficiles à relier. Le problème était essentiellement dû à l'« éther », ce milieu matériel supposé véhiculer les ondes électromagnétiques et dont on savait si peu de choses...

C'est en 1881 qu'Albert Abraham Michelson a effectué une expérience d'optique qui une vingtaine d'année plus tard allait permettre à Einstein de révolutionner la physique classique. Le but était d'évaluer la vitesse de l'éther par rapport à la Terre. En cette fin de siècle, la plupart des scientifiques pensaient que cet hypothétique milieu était absolument immobile dans l'Univers et que le déplacement de la Terre dans celui-ci créait un « vent d'éther ».

D'après la théorie newtonienne de composition des vitesses, la vitesse de la lumière mesurée par rapport l'éther devait être égale à la somme de la vitesse mesurée par rapport à la Terre et de la vitesse de celle-ci par rapport à l'éther.

$$\vec{V}_{\text{lumière/éther}} = \vec{V}_{\text{lumière/réf.terrestre}} + \vec{V}_{\text{réf.terrestre/éther}}$$

Ainsi, la valeur de la vitesse de la lumière mesurée par rapport à la Terre devait différer légèrement suivant sa direction de propagation. Il semblait clair que la valeur mesurée serait plus faible si la lumière se propageait dans le sens du mouvement de la Terre et plus grande en sens inverse. On s'attendait aussi à ce que l'écart entre les vitesses mesurées soit relativement faible : la Terre tourne autour du soleil sur sa trajectoire elliptique à environ 30 km/seconde, valeur 10 000 fois plus faible que celle de la vitesse de la lumière.

Seules des mesures extrêmement précises pouvaient être capables d'effectuer la comparaison escomptée. Les méthodes interférométriques – basées sur les interférences d'ondes lumineuses – devaient permettre d'y parvenir.

En 1881 Michelson fut le premier à réaliser cette mesure que l'histoire des sciences appelle souvent expérience de Michelson et Morley, associant au nom de Michelson celui du physicien qui en 1887 effectua la deuxième tentative. Cette expérience qui fut réitérée un grand nombre de fois ne permit jamais d'observer l'effet escompté : il était impossible en mesurant la vitesse de la lumière de détecter un quelconque écart suivant la direction d'observation par rapport à la Terre. Autrement dit, la vitesse de la lumière ne dépendait pas du mouvement de celui qui la mesurait. Tout se passait comme si la vitesse de la Terre par rapport à l'éther était nulle, ce qui était pourtant exclu. Ainsi, non seulement le vent d'éther n'était pas détectable mais la vitesse de la lumière semblait indépendante du référentiel dans lequel elle était mesurée.

Ce dernier point est particulièrement troublant. Pour illustrer le problème posé, nous raisonnerons sur un autre type d'ondes. Prenons donc l'exemple d'une vague qui se propage à la surface de l'eau. Imaginons qu'un observateur A, posté sur une digue, mesure sa vitesse de propagation et qu'un observateur B, qui se déplace sur sa planche à voile dans le même sens que l'onde, effectue la même mesure. On conçoit aisément que la vitesse que mesurera A sera plus grande que celle relevée par B. Supposons maintenant que l'on puisse faire une expérience similaire, en s'intéressant non plus à une onde se propageant dans l'eau mais à une onde lumineuse. On s'attend a priori à trouver un résultat analogue. Or l'expérience de Michelson prouve qu'il n'en est rien : la vitesse de propagation de la lumière semble indépendante du mouvement de celui qui la mesure ! Tout se passe donc comme si l'éther était totalement entraîné par la Terre. Or rappelons que diverses observations effectuées par le passé (notamment la détection des aberrations stellaires) avaient permis d'exclure une telle éventualité.

Ce résultat que ne pouvaient expliquer ni les théories de Newton ni celles de Maxwell gêna de nombreux scientifiques... Leur première réaction fut de remettre en cause l'expérience même. La plupart des physiciens de l'époque n'ont pas envisagé que la vitesse de la lumière pouvait être constante et indépendante du référentiel. Ils se sont au contraire employés à déterminer quel effet parasite pouvait expliquer l'échec apparent de l'expérience de Michelson. Le Néerlandais Hendrik Antoon Lorentz et le mathématicien français Henri Poincaré imaginèrent que la masse variait avec la vitesse, que les durées étaient modifiées et les longueurs aussi. Ils montrèrent que dans ces conditions on pouvait expliquer que le vent d'éther ne soit pas détectable.

Mais l'existence d'un milieu universellement immobile ne satisfaisait pas les physiciens de l'époque. L'éther, dont la seule propriété semblait être cette immobilité absolue, ne pouvait en effet s'insérer dans le cadre du principe de relativité galiléenne. Lorsque l'on utilise aujourd'hui le terme de « Relativité » c'est aux théories d'Einstein que l'on fait usuellement référence. Pourtant au seizième siècle c'est Galilée qui a compris que deux corps subissant les mêmes actions mais se trouvant dans deux référentiels distincts étaient animés du même mouvement pourvu que les référentiels dans lesquels ils évoluaient fussent animés l'un par rapport à l'autre d'un mouvement de translation rectiligne à vitesse constante. Ainsi, les corps chutent de la même façon dans un train, que celui-ci soit en gare ou à vitesse constante sur une voie rectiligne. Les lois de la mécanique s'expriment donc de la même façon dans deux référentiels si l'un est en translation rectiligne uniforme par rapport à l'autre. On parle de principe de relativité galiléenne pour illustrer ce résultat.

Ce qui gênait Einstein, et ce qu'il ne pouvait se résoudre à admettre, c'est que la lumière ne semblât pas obéire au principe de relativité : le milieu dans lequel celle-ci se propageait paraissait être absolu et il semblait impossible de trouver un référentiel en translation rectiligne uniforme par rapport à l'éther dans lequel la lumière se propagerait de façon analogue…

De même que l'année 1666 avait été selon sa propre expression l'« annus mirabilis » de Newton, Einstein lui aussi connut son année merveilleuse. C'est en effet en 1905, l'année même où il découvre le photon, que le jeune Einstein va révolutionner la mécanique. Cet éther si mystérieux et si absurdement immobile, Einstein a le génie de comprendre qu'il n'existe pas et que la lumière se propage dans le vide. Ainsi, les ondes électromagnétiques sont les seules qui n'ont pas besoin de support matériel pour assurer leur propagation. En outre, Einstein est convaincu que le principe de relativité ne se limite pas à la matière et que la lumière doit forcément lui obéir. Il commence par postuler que sa vitesse dans le vide est indépendante du référentiel : sa propriété fondamentale est de se propager à la même vitesse pour tous les observateurs. C'est à partir de ce point qu'il réécrit en 1905 les lois de la mécanique classique.

La constance de la vitesse de la lumière implique que l'on redéfinisse la notion de simultanéité. On avait toujours cru jusqu'alors qu'il existait un temps absolu, et que deux événement simultanés dans un référentiel l'étaient dans tous les autres. Einstein montre qu'il n'en est rien.

Aidons-nous d'un exemple dans lequel les intervenants posséderaient des moyens de mesures parfaitement précis : Imaginons donc que Pierre et Louis se fassent face sur une route et prennent une photo au flash. Clémence est immobile à égale distance des deux ; elle reçoit les deux éclairs lumineux en même temps. Elle conclut donc que « Pierre et Louis ont pris la photo simultanément ». Supposons maintenant que sur une moto, Raynald se dirige vers Louis et passe devant Clémence à l'instant précis où celle-ci reçoit les deux flashs. Quand Pierre a envoyé son signal lumineux, Raynald n'avait pas encore atteint l'emplacement de Clémence : il était donc plus près de Pierre que de Louis. Donc, par rapport à Raynald, le signal lumineux qu'envoie Pierre parcourt une distance plus petite que le signal envoyé par Louis. Raynald recevra les deux signaux lumineux au même moment (quand il passera devant Clémence), mais il n'en déduira pas la même chose que celle-ci. Rappelons en effet que la vitesse de la lumière dans le référentiel lié à la moto est la même que dans celui lié à la route. Les deux signaux lumineux se propagent donc à la même vitesse par rapport à Raynald. Comme celui émis par Pierre a parcouru une plus petite distance, et comme il arrive en même temps que celui de Louis, Raynald va conclure que « Louis a appuyé sur le flash avant Pierre ». Ce qu'affirme Clémence contredit ce qu'énonce Raynald. Pourtant tous deux ont raison : la notion de simultanéité dépend du point de vue de l'observateur.

La simultanéité est donc relative et cela remet totalement en cause la notion d'espace absolu sur lequel repose la mécanique de Newton. La durée d'un phénomène (que l'on peut définir comme l'intervalle de temps séparant deux instants précis t_1 et t_2), n'a plus un caractère absolu puisque la simultanéité entre chacun de ces instants et le déclenchement d'un chronomètre dépend du référentiel dans lequel ce dernier se trouve. La notion de durée dépend donc du mouvement et la durée d'un phénomène semble augmenter si celui qui la mesure est en mouvement par rapport au référentiel où le début et la fin du phénomène sont localisés au même point. Ce phénomène de dilatation des durées qui était présenté comme un artifice de calcul par Lorentz et Poincaré correspond bien à une réalité.

Notons que le facteur de dilatation des durées vaut $\gamma = \left(1 - \frac{u^2}{c^2}\right)^{-\frac{1}{2}}$ où *c* est la vitesse de la lumière (c = 299 792 458 m/s) et *u* la vitesse de l'observateur. Les effets de dilatation des durées ne sont vraiment perceptibles que si la vitesse u est très proche de celle de la lumière (pour u = c/3, γ ne vaut que 1,06).

Un autre phénomène souligné par Einstein concerne les longueurs qui elles aussi dépendent du mouvement de celui qui les mesure. La valeur maximale que peut prendre la longueur d'un objet donné est celle qui est mesurée dans le référentiel où celui-ci est immobile. Le mouvement provoque une contraction des longueurs (le facteur de contraction vaut γ^{-1}).

L'année 1905 avait été particulièrement féconde pour Einstein : découverte du photon en mars, théorie de la Relativité en juin... et ce n'était pas fini ! La formule la plus célèbre de la physique moderne a été énoncée elle aussi cette année là. « $E = Mc^2$ », cette équation qu'a retenue la postérité, présentée par Einstein comme une conséquence de la théorie relativiste, fut publiée au cours du mois de septembre. Elle traduit l'équivalence entre la masse et l'énergie : lorsque un corps émet une quantité E d'énergie, sa masse diminue de $\frac{E}{c^2}$. La production d'énergie nucléaire est une des conséquences de cette égalité.

Le travail d'Einstein était éblouissant. Pourtant dès 1907, ce dernier s'est trouvé insatisfait par la théorie de la Relativité qu'il avait proposée. Ce qui le contrariait c'était le caractère particulier qui semblait imparti à la gravitation. Rappelons que depuis Galilée on savait que tous les corps tombent dans le vide avec la même accélération. La deuxième loi de Newton permettait de retrouver ce résultat, une fois que l'on écrivait que la force s'exerçant sur un corps de masse M à la surface de la Terre était égale au produit de cette masse par le champ de pesanteur. Et nous avions admis sans nous étonner que cette masse M était égale à la masse m qui apparaissait dans la deuxième loi de Newton. Pourtant ceci est loin de constituer une évidence. Ces deux grandeurs ne sauraient en effet revêtir la même signification physique. La masse M est la masse gravitationnelle, ou masse pesante, directement liée au poids du corps. La masse m figurant dans la seconde loi de Newton ($\Sigma\vec{F} = m\vec{a}$) reflète quant à elle l'inertie du corps, c'est-à-dire sa capacité à résister à la force qui lui est appliquée (pour une force donnée, plus m est grand, plus l'accélération sera faible et moins la vitesse sera modifiée). Cette masse m est appelée masse inertielle.

Ainsi, si la chute libre est indépendante de la masse du corps c'est parce que la masse gravitationnelle est égale à la masse inertielle : « $m = M$ ». Einstein avait du mal à se satisfaire du caractère si exceptionnel de la gravitation, qui faisait intervenir dans son expression une grandeur liée à l'inertie et donc au mouvement. À tel point qu'il a fini par considérer l'inertie et la gravitation comme un seul et même phénomène.

Nous allons nous aider d'un exemple – qui aurait été quelque peu anachronique en 1907 – pour montrer que le point de vue que l'on utilise peut être décisif... Imaginons qu'un astronaute s'exerce à bord d'un avion. Supposons que l'on arrête la propulsion de l'avion. L'avion soumis uniquement au champ de pesanteur décrit alors une trajectoire parabolique et son accélération est égale à $\vec{g}$, accélération de pesanteur terrestre. L'astronaute se met à flotter dans la cabine. Tout se passe donc comme si l'accélération de l'avion compensait la gravité et comme si l'astronaute était dans une fusée se déplaçant à vitesse constante dans l'espace interplanétaire. Ainsi est-il impossible que l'astronaute à bord de l'avion différencie les forces d'accélération (forces d'inerties) des forces de gravitation. Il y a donc équivalence entre les forces inertielles et gravitationnelles. Et c'est de ce principe d'équivalence qu'Einstein va partir pour élaborer la théorie de la Relativité généralisée.

Les travaux dans lesquels s'engagea Einstein dès 1907 nécessitaient l'utilisation de concepts mathématiques d'avant garde pour l'époque. Pour la partie mathématique de son œuvre, il dut ainsi se faire aider par son ami Marcel Grossmann. Non sans humour a-t-il évoqué par la suite les « difficultés mathématiques » auxquelles il fut confronté.

Dans cette nouvelle théorie publiée en 1916, Einstein n'a pas hésité à bouleverser totalement la conception que nous avons de la gravitation en raisonnant sur un « espace-temps » à quatre dimensions. Dans cette optique, la gravitation est présentée non plus comme une force mais comme la modification de la géométrie de ce quadri-espace. Les objets agissent sur cet espace et, réciproquement, ils subissent les déformations de ce dernier. Si l'astronaute dans l'avion en chute libre ne perçoit pas l'attraction de la Terre c'est parce que l'espace dans lequel il se trouve lui masque cet effet (dans le quadri-espace l'avion et l'astronaute suivent la même trajectoire). Einstein affirme ainsi que tout corps se déplace en suivant le « chemin qui est le plus court » dans l'espace-temps qui l'entoure. Ainsi, deux corps de masses différentes situés dans la même région de l'espace, vont suivre le même trajet et s'ils sont en chute libre au voisinage d'un corps plus lourd qu'eux, ils auront le même mouvement.

Le phénomène de déformation de l'espace par les corps de masse importante a une autre conséquence : le trajet suivi par la lumière dans cet espace déformé sera lui aussi dévié.

On imagine à quel point en 1916 la Relativité générale pouvait surprendre. D'autant que seules les mathématiques étaient capables de donner une description rigoureuse de cet espace déformable modifié par les objets qui s'y trouvaient. Or les mathématiques utilisées dans le cadre de cette théorie étaient tellement complexes que bien peu de personnes dans le monde étaient à même de les comprendre. Cette théorie était tellement peu intuitive et bouleversait tant les certitudes les plus profondes que de nombreux physiciens n'étaient pas convaincus. Comment imaginer un espace-temps qui n'existe pas sans les objets qui se trouvent en son sein ? Dès lors comment définir le temps ?

La théorie suscita néanmoins l'admiration de certains scientifiques comme en témoignent ces mots de l'astronome royal britannique Sir Arthur Eddington :

> Que la théorie se révèle juste ou non en fin de compte, peu importe, elle se présente en tout cas comme un des plus beaux exemples de l'efficacité du raisonnement mathématique en général.

Mais nombreux étaient ceux qui avaient besoin qu'une preuve vînt conforter la confiance qu'ils portaient aux travaux d'Einstein.

Nous avons déjà évoqué, dans le premier chapitre de ce livre, l'expérience décisive qui permit d'apporter cette preuve.

C'est en effet Eddington qui avec l'aide du gouvernement britannique organisa une expédition sur l'île de Principe au large du golfe de Guinée pour observer l'éclipse totale de Soleil qui devait avoir lieu le 29 mai 1919. Le but était de vérifier l'une des conséquences de la Relativité générale : la déviation des rayons lumineux au voisinage des corps de très grande masse. Il est important de rappeler dans quel contexte historique cette expédition fut entreprise. En 1919, la première guerre mondiale était dans toutes les mémoires. Et ce qu'Eddington proposait ce n'était rien moins que donner raison à un savant Allemand contre une figure emblématique du Royaume-Uni : le génial Isaac Newton !

Si Einstein avait raison, Eddington devait pouvoir observer une étoile se situant derrière le Soleil. Les rayons émis par cette dernière, devaient en effet être déviés au voisinage de notre étoile. Cette preuve expérimentale recueillie lors de l'éclipse de mai 1919, fut communiquée à la Royal Society et à la Royal Astronomical Society le 6 novembre 1919. Dès lors, Einstein devint – pour reprendre l'expression de la physicienne Françoise Balibar – une « légende vivante ». La gloire inégalée qu'il connut dès 1919 lui permit de prendre position sur de nombreux sujets. Couronné par le prix Nobel de 1921, qui officiellement ne lui était attribué que pour la partie de son œuvre relative aux quanta lumineux, Einstein verra au cours de sa vie ses théories incessamment vérifiées. Scientifique mais aussi philosophe, il s'est souvent interrogé sur les nouveaux moyens que la science fournissait aux hommes.

L'infiniment petit

Que retenir du vingtième siècle en physique ? La découverte de l'atome et de son noyau ? La révolution quantique ? La double révolution relativiste ? Assurément tous ces points.

Mais insistons aussi sur l'accroissement incroyable des dimensions sur lesquelles les hommes ont découvert leur monde.

Que connaissait-on en 1900 ? La microscopie optique, basée sur l'éclairage des objets avec de la lumière visible, permettait de discerner les corps jusqu'à quelques centaines de nanomètres et de voir des bactéries. Mais les virus dont Louis Pasteur avait découvert l'existence étaient déjà trop petits pour pouvoir être observés ! Ce n'est qu'au vingtième siècle que l'on a vraiment pu se rapprocher de l'infiniment petit, voir les atomes, sonder le noyau et découvrir le monde au milliardième de nanomètre.

Pour séparer des détails de plus en plus petits, il faut sonder la matière avec des longueurs d'ondes de plus en plus faibles. Avec un microscope optique, qui utilise la lumière visible pour éclairer l'objet étudié, la résolution ne peut guère dépasser 100 nanomètres (1 nanomètre correspond à 1 milliardième de mètre). Pour des détails plus fins, il faut utiliser des rayons ultraviolets ou des rayons X (dont la longueur d'onde est inférieure). Pour scruter la matière à des dimensions encore plus faibles, on n'éclaire plus l'objet avec des ondes électromagnétiques. Depuis les travaux de Louis de Broglie on connaît en effet la nature ondulatoire des électrons. Or si ces derniers sont accélérés sous plus de 10 000 volts, leur longueur d'onde est plus faible que celle des rayons X. La microscopie électronique utilise ainsi non pas de la lumière mais un faisceau d'électrons accélérés pour éclairer l'objet. Les recherches dans ce domaine on débuté à Berlin dès 1920 mais la première image ne fut obtenue qu'en 1931. Grâce à ce type de microscope, dont la technique a été constamment améliorée, on a pu observer des détails cent fois plus petits que ceux visibles avec les microscopes optiques. Depuis 1982 et les travaux de Gerd Binnig et Heinrich Rohmer, grâce aux techniques en champ proche (microscopes à effet de champ), on parvient même à visualiser des structures de quelques dixièmes de nm et donc à « voir » des atomes.

Pour performante qu'elle soit, la microscopie reste toutefois incapable de sonder la matière au niveau du noyau atomique et en deçà. L'utilisation d'énergies encore plus grandes s'avère alors nécessaire. Les rayons cosmiques (provenant de l'espace et heurtant notre atmosphère) possèdent ces énergies. Ils ont d'ailleurs permis de découvrir certaines particules. Mais ces rayons sont malheureusement trop rares pour que les expériences auxquelles ils donnent lieu soient bien reproductibles. Aussi pour procéder de façon plus rigoureuse fallait-il pouvoir atteindre en laboratoire et de façon contrôlée les énergies nécessaires. C'est en 1929 que l'Américain Ernest Orlando Lawrence a eu l'idée d'accélérer des particules chargées à l'aide d'un champ électrique et d'incurver leur faisceau à l'aide d'un champ magnétique : il venait de concevoir le cyclotron qu'il fabriqua avec succès quelques années plus tard. L'énergie des particules accélérées dans les premiers cyclotrons atteignait 13 000 eV (1 électron-volt correspond à l'énergie acquise par un électron soumis à une tension de 1 volt). Quelques années plus tard, on obtenait 10 millions d'eV. Mais pour pouvoir sonder le noyau atomique, il fallait des énergies dix fois plus grandes…

Depuis la Deuxième Guerre mondiale et la deuxième génération d'accélérateurs (les synchrotrons), la taille et les performances des accélérateurs de particules n'ont cessé d'augmenter. De 1983 à 1989 a été construit à Genève, au CERN (laboratoire européen pour la physique des particules fondé en 1952), un grand collisionneur baptisé le LEP (Large Electron-Positron Collidar). Abrité par un tunnel dont la circonférence mesure près de 27 km, il a permis d'atteindre plusieurs centaines de milliards d'électronvolts. Ainsi est-on désormais capable de sonder la matière sur des dimensions de 10^{-18} m.

Grâce aux accélérateurs, on a pu dès les années 1950 mettre en évidence au cours des collisions de nouvelles particules. La plupart d'entre elles avaient une durée de vie très brève, ne dépassant parfois pas le milliardième de seconde. Ainsi se désintégraient-elles presque instantanément. En leur conférant une vitesse très importante, on a pu grâce au phénomène de dilatation des durées les observer dans le référentiel terrestre pendant plusieurs secondes.

Dès les années 1960, le nombre de particules répertoriées et découvertes grâce aux accélérateurs de particules est déjà colossal. Cette abondance gêne alors beaucoup les physiciens. Ils entreprennent de simplifier le panorama du monde microscopique : il s'agit d'en faire apparaître l'unité et d'identifier les particules élémentaires, c'est-à-dire les constituants fondamentaux de la matière. Ces particules peuvent être comparées à des briques à partir desquelles il est possible de construire tout l'Univers. Les particules élémentaires sont donc des objets pour lesquels on ne connaît pas de structure interne et qu'il est impossible de décrire comme un assemblage de particules plus petites.

Aujourd'hui les leptons (du grec « leptos », maigre, faible) sont considérés comme élémentaires. Ils peuvent s'observer individuellement et se déplacer librement. Les leptons ne sont pas soumis à l'interaction forte qui est l'une des quatre interactions existant dans notre monde.

L'électron, découvert en 1895, est un lepton de même que le neutrino électronique dont l'existence avait été prédite par Pauli en 1934 et qui fut observé expérimentalement en 1953 dans les désintégrations radioactives artificielles. Plus lourd que l'électron, le muon possède un neutrino ν_μ (appelé neutrino muonique) qui fut découvert en 1962. Encore plus lourd, le tauon appelé aussi lepton lourd, de masse 3500 fois supérieure à celle de l'électron fut découvert en 1977 et est associé au neutrino ν_τ.

Les particules qui ne sont pas des leptons sont des hadrons. La racine grecque « hadros » signifiant « fort » rappelle que ces derniers sont sensibles à l'interaction forte. Le nombre de hadrons créés dans les accélérateurs au cours des années soixante est impressionnant. En 1964, George S. Zweig s'aperçoit, non sans surprise, que ses calculs décrivent ces derniers comme l'association de deux ou trois éléments qu'il baptise « as ». La communauté scientifique ne le prend pas au sérieux. Indépendamment et à la même époque, Murray Gell-Mann, déjà connu pour ses travaux de mécanique quantique propose une théorie semblable qui, elle, retient l'attention du public : les particules qui ne sont pas des leptons sont composées d'entités qu'il baptise « quarks ». Le terme de quark est un néologisme créé par l'écrivain James Joyce dans son livre *Finnegans Wake*. Au cours des années 1970, aucune des expériences entreprises ne permet d'isoler ces entités, et certains se demandent si les quarks ne sont pas seulement des outils mathématiques. On sait aujourd'hui que ce sont bien des particules. Les difficultés observées pour isoler les quarks viennent de l'intensité colossale de la force qui les lie (l'interaction forte).

Les quarks se divisent en trois catégories : le quark « haut » et le quark « bas » entrent dans la constitution des neutrons et des protons. Ainsi, un neutron est-il l'association d'un quark « haut » et de deux quarks « bas », alors qu'un proton est l'association d'un quark « bas » et de deux quarks « haut ». Plus lourds que ces deux premiers quarks, le quark « étrange » et le quark « charme » ont été détectés dans les rayons cosmiques et les accélérateurs de particules, de même que le quark « beauté » et le quark « top » (découvert en 1995) qui sont encore plus lourds. Chacun de ces quarks est caractérisé par sa charge et une valeur donnée de certains nombres quantiques (spin, isospin, étrangeté, nombre baryonique). En outre, chacun d'entre eux existe sous trois formes distinctes. Dans un langage imagé on a baptisé « couleur » cette dernière caractéristique des quarks. Ainsi existe-t-il des quarks rouges, verts ou bleus. Il y a donc au total dix-huit quarks.

Si les quarks et les leptons sont les briques à partir desquelles il est possible de construire notre monde, alors on peut présenter les bosons intermédiaires comme le ciment qui va servir à les lier. Ces particules fondamentales assurent en effet la transmission des forces et toute interaction peut se décrire comme un échange de bosons.

Il existe quatre interactions dans notre monde l'interaction gravitationnelle, l'interaction électromagnétique, l'interaction forte et l'interaction faible. Le premier boson connu fut le photon et depuis les travaux d'Einstein on sait que ce grain de lumière sans masse est associé à l'interaction électromagnétique. L'interaction forte, quant à elle, est portée par les gluons qui collent les quarks entre eux à l'intérieur des hadrons. Son influence cesse de se manifester à une distance supérieure à 10^{-6} nanomètres. Contrairement à l'interaction électromagnétique, dont la portée est infinie, elle n'agit pas à notre échelle ou à l'échelle des molécules : son domaine d'action se limite au niveau du noyau atomique et ne concerne que les quarks qu'elle distingue des leptons sur lesquels elle n'agit pas. On connaît actuellement huit gluons, observés pour la première fois en 1979.

L'interaction faible, enfin, peut être attractive ou répulsive. Elle est entre autres responsable de la radioactivité ß. Sa portée est encore plus faible que celle de l'interaction forte : A 10^{-17} mètres, c'est-à-dire 10^{-8} nanomètres, elle cesse d'agir. Les bosons échangés sont les bosons W+, W– et Z. Ils ont été détectés en 1983 au CERN par le chercheur Carlo Rubbia et l'ingénieur Simon Van Meer. À ce jour, le boson échangé lors de l'interaction gravitationnelle n'a toujours pas été mis en évidence. On a baptisé graviton cette particule hypothétique que plusieurs équipes dans le monde recherchent actuellement.

Les antiparticules

Aux vingt-quatre particules élémentaires qui constituent la matière (les dix-huit quarks et les six leptons) nous devons rajouter vingt-quatre antiparticules qui forment l'antimatière.

« Antimatière », un concept qui fait rêver, qui pour certains évoque encore la science fiction et qui pourtant fut découvert dès 1920... L'existence d'antiparticules a en effet été prévue mathématiquement par le physicien anglais Paul Dirac après la Première Guerre mondiale. Dirac cherchait à comprendre pourquoi dans notre monde les charges négatives et positives semblaient jouer des rôles différents. Pourquoi les premières étaient-elles portées par des particules légères (les électrons), qui pouvaient passer d'un atome à un autre, alors que les autres étaient portées par des particules lourdes qui étaient liées au noyau ? Dirac eut l'idée d'un monde symétrique du nôtre, dans lequel les charges positives seraient portées par des particules légères et les charges négatives par des particules lourdes. En 1929, ses calculs l'amènent à présenter comme nécessaire l'existence d'une particule de même masse que l'électron mais de charge opposée (l'antiélectron, aussi nommé positon ou positron), et d'une antiparticule du proton.

Le positron fut observé pour la première fois dans le rayonnement cosmique en 1932 par Carl David Anderson. En 1934, soit cinq ans après les travaux de Dirac, il est observé en laboratoire, à l'Institut du Radium. Ce sont en effet Frédéric Joliot et Irène Joliot-Curie qui ont découvert la radioactivité artificielle ß+ au cours de laquelle cette antiparticule est émise.

L'antiproton, qu'avait imaginé Dirac, ne fut mis en évidence que beaucoup plus tard. Les énergies nécessaires pour le produire n'ont été disponibles qu'en 1955, année où Owen Chamberlain, Emilio Segrè, Clyde Wiegand et Thomas Ypsilantis ont pu le mettre en évidence à Berkeley dans le Bévatron. Enfin, le dernier pas fut franchi en janvier 1996, quand ont été fabriqués et détectés au CERN, à Genève, neuf atomes d'antihydrogène constitués d'un antiproton et d'un positon. Ces neuf anti-atomes n'ont survécu que quelques milliardièmes de secondes. Quand la matière et l'antimatière se rencontrent, elles s'autodétruisent en effet en libérant de l'énergie. Ainsi est-il difficile d'envisager que l'on produise de grandes quantités d'antimatière. Rappelons en effet que si un gramme de matière rencontrait un gramme d'antimatière, non seulement la matière s'annihilerait mais il se dégagerait une énergie correspondant à plusieurs explosions de bombes atomiques…

La physique à toutes les échelles

Ainsi, c'est la physique des hautes énergies qui au cours du vingtième siècle a permis de découvrir l'infiniment petit, ou tout au moins, les échelles inférieures au milliardième de milliardième de mètre. Mais c'est aussi cette physique qui nous renseigne sur ce qu'il est convenu d'appeler l'infiniment ancien. L'étude des spectres lumineux émis par les étoiles avait permis à Edwin Powell Hubble de s'apercevoir que les galaxies s'éloignaient les une des autres : notre Univers est en expansion, ce que permet de justifier la théorie du Big-Bang qui a triomphé de sa rivale des années 60, la théorie de l'Univers stationnaire. Comme au cours de son expansion l'Univers se dilue de plus en plus, si l'on remonte le temps les énergies sont au contraire de plus en plus élevées. La physique des hautes énergies peut donc nous renseigner sur les premiers instants de notre Univers.

10^{-10} seconde (1 dixième de milliardième de seconde) après le Big-Bang, la température correspondait à une énergie de 100 milliards d'électron-volts (énergie que l'on atteint déjà dans les accélérateurs de particules). Une seconde plus tard, celle-ci ne valait plus qu'un million d'électron-volts.

De nombreux physiciens pensent pouvoir affirmer qu'aux tout premiers instants (moins de 10^{-44} secondes après le Big-Bang), les quatre interactions qui existent dans notre monde n'étaient pas différenciées. Cette théorie dite de la « grande unification » a déjà été partiellement prouvée puisque dès 1967, Steven Weinberg, Sheldon Lee Glashow et Abdus Salam ont montré que l'interaction faible et l'interaction électromagnétique étaient de même nature (on parle de la théorie électro-faible).

La théorie de la « grande unification » cherche encore sa voie. Les énergies pour lesquelles les quatre interactions se confondraient étaient celles qui se rencontraient dans l'univers à ses débuts. Mais ces énergies sont inaccessibles techniquement. Et cette théorie suppose en outre l'existence d'un nouveau boson, baptisé boson de Higgs, que tous les physiciens des particules rêvent de déceler.

La physique moderne s'intéresse aujourd'hui à l'infiniment petit, l'infiniment ancien, l'infiniment lointain, les très basses températures et les très hautes énergies... Il semble que les situations extrêmes deviennent ses domaines d'investigation privilégiés. En ce sens certains ont formulé des inquiétudes face aux avancées prodigieuses de la science. Dans un article de 1941 intitulé *Le langage commun de la science,* Albert Einstein s'est efforcé de répondre par ces mots :

> Quelles espérances et quelles craintes la méthode scientifique implique-t-elle pour l'humanité ? Je ne pense pas que cette façon de poser la question soit correcte. Ce que cet instrument dans la main de l'homme pourra produire dépend entièrement de la nature des buts qui animent cette humanité.

BIBLIOGRAPHIE

Balibar Françoise, *Einstein, la joie de la pensée,* collection « Découvertes », Gallimard, 1997, *Galilée, Newton, lus par Einstein,* collection « Philosophie », Presses Universitaires de France, 1990.

Barthélemy Georges, *Newton mécanicien du Cosmos,* collection « Mathesis », Vrin, 1992.

Biezunski Michel, *Histoire de la physique moderne,* collection « Histoire des sciences », La Découverte, 1993.

Blay Michel, Halleux Robert (dir), *La science classique, XVIe XVIIIe siècle, dictionnaire critique,* Flammarion, 1998.

Bohr Niels, *Physique atomique et connaissance humaine,* Folio Essais, 1991.

Chardin Gabriel, *L'antimatière,* collection « Dominos », Flammarion, 1996.

Desit-Ricard Isabelle, *La physique : évolutions et enjeux,* Milan, 1998.

Gamow George, Stannard Russel, *The new wold of Mr Tompkins,* Cambridge University press, 199.

Hamburger Jean (dir), *La philosophie des sciences aujourd'hui,* Gautier-Villars, 1986.

Jarrosson Bruno, *Invitation à la philosophie des sciences,* collection « Points sciences », Seuil, 1992.

Locqueneux Robert, *Histoire de la Physique, histoire des idées en physique,* collection « Que sais-je ? », Presses Universitaires de France, 1987.

Rosmorduc Jean, *Histoire de la physique classique*, Technique et Documentation, 1987, *Une histoire de la physique et de la chimie (de Thalès à Einstein)*, Seuil, 1985.

Rousset André, *Les nouvelles frontières de la connaissance*, Ellipses, 1996.

Rousset André, Six Jules, *Des Physiciens de A à Z*, Ellipses, 2000.

Rouzé Michel, *Les Nobel scientifiques français*, collection « Histoire des sciences », La découverte, 1988.

Sartori Eric, *Histoire des grands scientifiques français*, Plon, 1999.

Segré Emilio, *Les Physiciens modernes et leurs découvertes. Des rayons X aux quarks*, collection « Le temps des sciences », Fayard, 1984.

Taton René (dir), *Histoire générale des sciences*, Quadrige, Presses Universitaires de France, 1995.

INDEX DES PHYSICIENS

TABLE DES MATIÈRES

Aubin Imprimeur
LIGUGÉ, POITIERS

Achevé d'imprimer en mars 2001
N° d'impression L 61432
Dépôt légal mars 2001
Imprimé en France